生活的禅修 2

砺心成事·忍耐

成就事业的东方哲学

■山湖居士·著

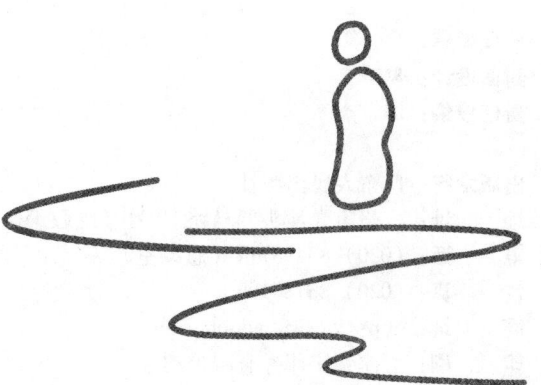

SPM
南方出版传媒
广东人民出版社
·广州·

图书在版编目（CIP）数据

砺心成事：忍耐/山湖居士编著．—广州：广东人民出版社，2016.9
（生活的禅修；2）
ISBN 978－7－218－10875－9

Ⅰ．①砺…　Ⅱ．①山…　Ⅲ．①人生哲学—通俗读物
Ⅳ．①B821－49

中国版本图书馆 CIP 数据核字（2016）第 102430 号

Lixinchengshi：Rennai

砺心成事：忍耐
山湖居士　编著　　　　　　　　　　　　版权所有　翻印必究

出 版 人：曾　莹

责任编辑：李　敏
封面设计：yordo
责任技编：周　杰

出版发行：广东人民出版社
地　　址：广州市大沙头四马路 10 号（邮政编码：510102）
电　　话：(020) 83798714（总编室）
传　　真：(020) 83780199
网　　址：http：// www.gdpph.com
印　　刷：天津泰宇印务有限公司
书　　号：ISBN 978－7－218－10875－9
开　　本：787mm×1092mm　1/16
印　　张：13.75　　字　数：160 千
版　　次：2016 年 9 月第 1 版　2016 年 9 月第 1 次印刷
定　　价：32.80 元

如发现印装质量问题，影响阅读，请与出版社 (020－83795749) 联系调换。
售书热线：(020) 83795240

勾践卧薪尝胆，才有后面灭了吴国的机会；韩信忍胯下之辱，才成为了西汉的开国功臣……中华五千年的文化中，处处彰显着"忍"的智慧。唐朝的黄檗禅师在《上堂开示颂》中写道："不经一番寒彻骨，哪得梅花扑鼻香。"《增广贤文》里说道："忍得一时之气，免得百日之忧。"

生活中我们常常会遇到各种困难，但梅花只有忍耐住刺骨的冰雪，才能傲雪地开放；昙花只有忍耐住黑夜的寂寞，才能有灿烂的绽放；舞者只有忍耐住苦练的疼痛，才能跳出优雅的舞姿；群星只有能够忍耐住漫长的白昼，才能在夜晚闪烁着清辉；贝壳容忍沙砾，才能孕育出美丽的珍珠；人只有忍耐住所有的艰难，才能破茧成蝶。

人生没有永远的痛苦，一个人即使身处逆境也不是跌落无底深渊，要相信一切都是暂时的，只有忍耐坚持，才能有灿烂的明天。《法句经》上说："舍弃忿怒，灭除慢心，超越一切束缚，不执著心和物；无一物者，苦恼不相随。"不要让心中负面的因素左右了你的思想，摒弃情绪的毒药，放下一切执著，才能抛开苦恼。

忍耐能带给人机遇，带给人惊喜。唯有忍常人所不能忍，才能享受常人所不能享的美好。忍耐能锤炼人的心性，让人变得更加成熟。没有山穷水尽之时的忍耐，如何得见柳暗花明呢？

辛姆洛克说过："忍耐之草是苦的，但最终会结出甘甜而柔软的果实。"忍耐并非常人所认知的那样——委曲求全，没有骨气，示弱，窝囊，而是在坚持自己原则的基础上，能屈能伸所表现出的一种让人敬佩的高尚情操。

在现实世界里，人的语言、行为、情绪、喜好等，无意间常常变成一把把利刃，唯有能像盾牌一样忍耐，将所有的伤害都化解，忍住骄阳忍住寒冬，忍住成长中所有的痛，忍住饥饿的侵蚀，忍住离别的苦，忍住失去的伤，忍住所有的所有，才能够成长。

唐代诗人白居易说："孔子之忍饥，颜子之忍贫，闵子之忍寒，淮阴之忍辱，张公之忍居，娄公之忍侮。古之为圣为贤，建功树业，立身处世，未有不得力于忍也。凡遇不顺之境者其法也。"从古至今的圣贤，皆是能忍之士。百忍成钢，在困境之中学会忍耐，才能成大事。

忍耐是一种智慧。

目 录

第一章 一念断，百忍成金：
举大事者不忍则溃 …………………………… 1

佛家思想之所以频频提倡"忍"，是因为忍耐是世上最好的修行。为人处世，只有明白了"忍"的真谛，领悟了"忍"的精髓，才能百忍成金，达到旷达从容的人生境界。

百忍成金，生命更具张力 / 2

守柔不争，得天庇护 / 5

常胜之道曰柔，忍是一种境界 / 8

看透浮华，安身而退 / 11

矮檐低头，高堂昂首 / 14

忍受小败，成功长久 / 18

急功近利，得不偿失 / 21

第二章 拈花笑，忍一时苦：
汝等众生皆可成佛 ················· 25

一切有为法，如梦幻泡影。外在的一切只是泡影，不要因为外在因素而太过于执著。忍得外界所带来的一时之苦，才会看见他人所看不到的世界。俗话说："忍人之所不能忍，才能为人所不能为。"人，生来皆苦，唯有忍耐当前的种种困难，方能在未来的道路上有所成就。

忍耐嘲讽，举世瞩目 / 26

走出自卑，超越自己 / 29

少安毋躁，以静制动 / 33

好马也吃回头草 / 36

不懂忍让就会被假象蒙蔽 / 38

失去太阳时，忍耐是为等候星群 / 40

低头是为了登堂入室 / 43

磨砺身心，格物致知 / 46

第三章 无所求，布施善因：
上善若水任方圆 ················· 49

"上善若水，水善利万物而不争。"世界上最柔的东西便是水，但是水却能滴穿石头这样坚硬的东西。做人应该像水一样，去包容接纳他人，以善助人，以礼待人，不求任何回报，这才是大善。只有大善之人，才懂得水的智慧。

欲得善果，先种善因 / 50

不求，反而会得 / 53

先度自己，再度他人 / 56

帮别人其实就是帮自己 / 59

幸福来自于礼爱他人 / 63

善行，会令人心生敬意 / 66

施予不存回报心，才能快乐 / 69

第四章 勿贪婪，欲望如茧：凤凰涅槃需净心 …… 73

人生几多苦痛，全由欲望带来。欲望使人沉迷其中，失去本心。古语说："人为财死，鸟为食亡。"欲望只会招来无穷的灾难，只有抛开欲望，不要贪婪无度，才能在人生的道路上，如浴火的凤凰一般涅槃重生。

勿沉溺于物欲，失去本心 / 74

无欲则刚，人生可通达 / 78

享受寂寞，修炼德行 / 81

不求虚名，不增负累 / 84

口袋是穷，志气不穷 / 86

得失随缘，心如止水 / 89

福祸相生，不求不怨 / 92

| 第五章 | 嗔妒灭，安贫乐道：当放下时且放下 ……………… 95 |

人生来便有七情六欲，会被情绪左右。而无论是生气也好，怨恨也好，妒忌也好，都是让人徒增烦恼的情绪。人应该有安贫乐道的心态，以坚持自己的信念为乐。不要过于执著，该放下的就放下。放下不仅是一种超然，更是一种气魄，是一种让生活重新开始的动力。

放低姿态，虚心接受别人的意见 / 96

背着是累赘，放下是超然 / 99

放下过去，才能重新开始 / 102

切莫太执著，该放必须放 / 105

| 第六章 | 勿执念，动心忍性：云在青天水在瓶 ……………………109 |

痛苦的根源便是过深的错误执念，执著太多会让人深陷痛苦之中难以自拔。历经困苦的磨砺，身心都得到修行。《新唐书·陆象先传》中说："天下本无事，庸人扰之为烦耳。"放下无谓的执念，珍惜当下才是真理，不要为自己白白寻了烦恼，迷失了自我。

错误的执著，痛苦的根源 / 110

天下本无事，庸人自扰之 / 113

灭却心头火，剔起佛前灯 / 116

追寻虚无缥缈，莫如知福惜福 / 119

放弃比较，回归自我 / 122

诽谤当前，沉默是金 / 125

第七章 随缘去，心平气和：
行直何需参禅 ·················· 129

人生的结局如何其实并不重要，重要的是以何种心态去面对人生。我们无法掌控人生最终的结果，但起码能让人生的过程变得有意义。不去强求，凡事随缘，便能以一种平和的心态去面对人生，发现人生过程当中的美好。

真理只藏于平淡之中 / 130

没有永恒的快乐和痛苦 / 133

智者以不变应万变 / 136

烦恼都是自己寻来的 / 139

并非每个人都懂得生命的意义 / 141

天助自助者 / 144

第八章 多忍耐，拒绝抱怨：
感谢给你逆境的众生 ·················· 147

许多人在面对逆境痛苦的时候，诸多抱怨，甚至心生怨恨。佛家讲究因果，你现在所遭遇的逆境和痛苦，都是因为前世所造的孽。所以你应该感谢给予你逆境的众生，他们在帮助你消除业障，而你只需要从抱怨之中走出来，静心忍耐一切的不如意，就能摒除恶念，提高自身的心力。

不要指望别人，能解救你的只有自己 / 148

谁说你一无所有？你看这满屋的月色 / 151

从磨难中感悟人生 / 154

与其抱怨连天，不如多一分投入 / 157

改变不了大环境，可以先改变自己 / 160

退一步海阔天空 / 163

做一株谦卑的稻穗 / 165

第九章　懂包容，心宽即喜：水至清则无鱼 ················169

海之所以能成为海，是因为它有容纳百川的气度。包容是一种美德，也是一种博大的胸怀。包容他人的缺点，包容他人的过错，包容他人的不足，才能让自己有宽阔的胸襟去笑对生活。

包容他人，对己对人的无上福音 / 170

化解仇恨，将心中的鲜花赠予仇人 / 173

至察无徒，人不必事事认真 / 177

多些包容，怨恨也会烟消云散 / 180

大肚能容，容天下难容之事 / 182

第十章　常释怀，从容以对：世上本无事，庸人自扰之 ················185

每个人都渴望得到心灵的自在，为此不惜牺牲很多。人的心灵是很容易获得自由的，因为没有什么东西可以束缚住它。可是，现在有很多的人在感叹枷锁沉重,其实,不是现实束缚心灵,而是自己把自己圈在了里面。世上本无事,庸人自扰之。

人生不是没有阳光,而是缺乏感受阳光的心 / 186

常释怀,才能真的快乐 / 189

不必为无谓的争执伤了自己 / 193

豁达乐观,快乐常在 / 197

别让自己的心背上沉重的包袱 / 200

学会接纳,也就学会了快乐 / 203

角度变了,心情就变了 / 206

第一章

一念断，百忍成金：举大事者不忍则溃

佛家思想之所以频频提倡『忍』，是因为忍耐是世上最好的修行。为人处世，只有明白了『忍』的真谛，领悟了『忍』的精髓，才能百忍成金，达到旷达从容的人生境界。

百忍成金，生命更具张力

在物欲横生的浮华世界里，人们的生活越来越像一辆失去刹车的车，它奔驰在冰冷的街道，却不知前方是否会突然发生什么。当猛兽寻找猎物的时候，当飞禽遭遇暴风雨的时候，它们需要的是忍耐。因为冲动会让猛兽失去捕捉猎物的机会，让飞禽葬身暴风雨。

在很多人眼里，忍耐中包含着较多的软弱成分，其实它或许是绵里藏针，含而不露。忍耐是一种曲折隐晦的生存之道，是一种明哲保身的自我克制，它不是消极，不是颓废，而是在沉淀中等待厚积薄发的飞跃。忍一时风平浪静，退一步海阔天空。百忍成金，只有懂得忍耐，生命才会更具张力。

很久之前，寺庙里的小和尚在一座不知名的山上，发现了两块颇具灵性的大石头。方丈决定用它们来雕刻释迦牟尼像，于是便请来了雕刻家进行挑选和雕刻。经过对比，雕刻师发现第一块石头的材质相对较好，于是便决定先雕这块石头。然而，在雕刻过程中，这块石头一直感觉很痛，就对雕刻师说："太痛了，我想我已经撑不下去了，你别雕了！"雕刻师回答它："你撑过两个星期就好了，那时候你就会成为万人膜拜的佛像，你只要再忍耐一下，再坚持一下就可以获得万人瞩目的辉煌。"听完雕刻师的话,这块石头没有再挣扎,继续忍着疼痛。可是,两天之后,这块石头再也忍不住了,它大发雷霆:"住手!我不干了!"面对它的极不配合,雕刻师只好无奈地摇摇头,然后把它先放在一旁。

雕刻师把目光转向了第二块石头。在进行雕刻之前,雕刻师问第二块石头:"我现在要雕刻你,雕刻的过程十分痛苦,但是一旦雕刻成功你将会被万人膜拜,你能不能忍受疼痛?"第二块石头说:"可以,请雕刻师竭尽所能!"听完石头的回答,雕刻师便放心大胆地工作起来。

果然,在整个雕刻过程中,第二块石头没有发出一声抱怨。两个星期后,它被雕刻成了一座完美的释迦牟尼佛像。当佛像开光以后,寺院中来膜拜的人络绎不绝,踏得寺院里尘土飞扬。方丈大师看到这种情况,就决定将第一块因没有完工而被废弃的石头打碎铺在地上。于是,那块因为无法忍耐痛苦而拒绝被雕刻的石头,就这样变成万人践踏的铺地石。

感悟

人,行走于世,喜与怒称,福与祸衡,利与害权,生与死较。小之一身,大之国家天下,这些都需要一个"忍"字。生存需要忍耐,解惑需要忍耐,成功需要忍耐,人的意志如果不经历千锤百炼,又何谈坚硬如钢?

歌曲《海阔天空》中有这样一句歌词:"日落是沉潜,日出是成熟,只要是光,一定会灿烂的。"忍耐,它是一种韬光养晦,是一种蓄势待发。时机成熟,你将在沉潜中突破自我,展现锋芒,脱颖而出。痛苦和困境都不能将你打败,你要做的就是当忍则忍,为自己的一飞冲天

等待机遇。只有量的足够积累才能达到质的飞跃，要在积累"量"的道路上学会忍耐，脚踏实地才能拥有冲破云霄的时刻。

愚者在困境中唯唯诺诺，智者在危难时隐忍等待。然而，忍耐不是懦弱，不是逃避，而是在黑暗中怀抱希望。历经岁月的洗礼，人们的双颊会逐渐攀爬上无尽的沧桑，那里隐藏着忍耐的踪迹，刻印着成熟的美丽，这是一种蜕变，更是一种生命的张力！

忍耐的智慧

忍耐，是一张无形的网，它过滤了人们灵魂中的杂质。在追求更大成功的时候，人们往往不得不忍辱负重，必要时作出某些牺牲。不懂忍耐，以卵击石，结局注定是毁灭。小不忍，则乱大谋。但是，忍耐须有度。过度忍耐，就是懦弱无能，一个习惯逆来顺受的身躯不会挺直，一个唯命是从的心灵也不会迸发生活的激情。这个世界需要理性的忍耐，只有懂得有原则地忍耐，才能使生命之花尽情绽放。

守柔不争，得天庇护

人生在世，所争之物无非两样：气与利。争气固然值得，但也不可太盛；而争利则往往被世人认为是不值得的。

做人要做一个"谦谦君子"，看淡功名利禄，要懂得忍让，只有这样，才会心胸开阔，为人超脱，最后得到的也将会超乎人们的想象，所谓"争则不足，让则有余"也是如此。

木秀于林，风必摧之。世上之物，过于"刚强"的终将被化为"绕指柔"，只有那流淌不息的水才能始终保持自己的样子。"夫唯不争，故天下莫能与之争。"正因为不争不竞，天下才没有能与之争竞的。

李泌可以说是唐朝的一位传奇人物，他历经四朝，侍奉过唐玄宗李隆基，当过唐肃宗李亨的老师，任过唐代宗李豫的行军司马，后来又成为唐德宗李适的宰相。历来的帝王宫廷，一直都是天下是非最多、人事最复杂的场所，然而李泌能够历经四朝不倒，就要得益于其深懂不争的道理。

李泌的一生可谓壮阔恢弘，志得意满，但是他不为名利所累，在治理政务中，将"不争"贯穿始终。

李泌一生四次离京,四次归隐,每一次他都能安然处之,不争不辩。

唐玄宗天宝年间,当时隐居嵩山的李泌上书玄宗,议论时政,受到玄宗的重视,然而却遭到杨国忠的嫉恨,于是李泌被送往蕲春郡安置,结果李泌毫无怨言,趁此机会,干脆脱离官府,潜遁名山。

肃宗时,李泌因与皇帝关系过于亲密,招来了权臣崔圆、李辅国的猜忌。评判大局既定后,为了躲避随时都可能发生的灾祸,李泌便主动要求离开权力中心,进衡山修道。

代宗大历年间,因受当时的权相元载排斥,李泌再次被赶出朝廷。李泌依然泰然处之,没有任何的"争权"之念。元载被诛后,李泌再次得到代宗重用,却又再次受到排斥,离开朝廷,后又被德宗召回重用。

四次被排挤出朝廷,又四次回到朝廷,且一次比一次更受重视,这在中国历史上是不多见的。李泌之所以能如此,正是因为他懂得"守柔不争"。

每次被排挤出朝廷后,也许李泌会心存抱怨,但却没有人听过他的抱怨。他没有为自己辩争过,只是安安静静地过自己的归隐生活。正是这种"守柔不争"的心态,李泌才没有招致进一步的迫害,才能屡次东山再起。

感悟

《老子想尔注》中说:"水善能柔弱,像道。去高就下,避实归虚,常润利万物,终不争,故欲令人法则之也。"即使河道里遍布石头,水也能从容流过,虽形状改变,但终能达目标。在为人处事中,我们如能仿效水的不争,必将"终不遇大害"。

李泌能够四落四起,主要得益于他的"不争"的处世哲学。懂得"不争"的人是聪明的,能够做到"不争"的人是睿智的。西方有句谚语说得好:"用争夺的方法,你永远得不到满足;但如果不争,你可以得到比期盼的更多。"

李泌一直受佛家、道家、儒家的赞颂,而他以谦退、守柔不争的态度处世,正是道家和儒家所共同提倡的。《道德经》述及"不争"思想的地方很多,而李泌也深受这些思想影响。有人可能会认为"天之道,利而不害;人之道,为而不争"的这种"不争"是一种消极逃避的思想。如果仅这样想,只能说明这些人还没有领悟"不争"的精髓。百事退让,并非不争,相反,这是另一种"善胜"的"争",是"天下莫能与之争"的符合天道之"争"。

世间万象,无论多聪明的人也都是无法完全看清的。一味逞强,只会为自己树立更多敌人!

忍耐的智慧

"天之道,不争而善胜,不言而善应,不召而自来,繟然而善谋。"人要有所得,不在于争的愿望有多强烈,而在于对时机的把握。"不争"是一种处世态度,用得好了,掌握了精髓,那么"不争"也就是争了。"不争"之人,无人能与之争。

常胜之道曰柔,忍是一种境界

俗语有曰:好汉不吃眼前亏。可见要想做得好汉,首先要会吃亏忍怒。也许有人会觉得横眉怒目、热血偾张、快意恩仇的人才是好汉。诚然,他们能给人以痛快的感觉,但终不如隐忍不发、懂得隐忍的人给人带来的震撼强烈。

"忍"者,能也。忍,不仅是一种修养,更是一种能力,是书写日后成功的能力。忍耐虽然令人痛苦,但却是可贵的。只有能忍的人,才会得到人生的财富。

把"忍"发挥到极致的当推汉高祖刘邦,刘邦隐忍破项羽历来为人津津乐道。

在陈胜失败后,项羽集团和刘邦集团成为反秦的两支主力。公元前207年,项羽破釜沉舟,大败秦军的同时为刘邦军入关创造了有利的条件。秦二世四年十月,刘邦先破咸阳,十二月项羽率兵入关,至此秦王朝被推翻。

按照楚怀王原来"先入定关中者王之"的约定,刘邦理应做关中王。但自恃功高的项羽却企图独霸天下。公元前206年二月,项羽自立为西楚霸王,以刘邦为汉王,迁于巴蜀。

巴蜀之地，是秦朝流放罪犯的偏僻闭塞之地，刘邦心中对此非常不满，他仍然想要称王汉中。项羽知道后大怒，决定第二天发兵攻打刘邦。

在谋士张良分析下，刘邦认识到以目前的实力不宜和项羽硬拼。因军力不及项羽，刘邦便把在咸阳所得一切，原封不动地送到项羽营中，并说愿让项羽称关中王。

然而项羽的谋士"亚父"范增却看出了刘邦的心思。范增料到此人日后必成大器，便向项羽建议设下"鸿门宴"来试探刘邦。虽明知鸿门宴的凶险，刘邦却也只能应约前往。

在"鸿门宴"上，刘邦将"忍"字刻在心上，他对项羽毕恭毕敬，经过一场精彩而又凶险的心理战后，在决定生死之际，刘邦镇定地用谎言骗取了项羽的信任，赢得了一条活路。为进一步消除项羽的疑虑和注意，在迁徙蜀地时刘邦又采纳了张良之计，把走过的300多里栈道都放火烧毁，既消除了项羽的疑虑和注意，又让项羽反悔后无路可追。

徙封汉王后，刘邦以汉中（郡治南郑，今陕西汉中）为基地，养民招贤，安定巴蜀，然后收复三秦。三个月后，终于爆发了楚汉战争。

不久，刘邦乘齐、赵起兵反楚之隙进驻洛阳，同时，以项羽放杀义帝为由，率诸侯联军进据楚都彭城。

彭城一战以项羽获胜告终，但经过此战后楚汉双方便进入相持阶段。在相持中，刘邦重用韩信，逐渐形成对西楚的包围态势。

汉高祖四年（公元前203年）八月，项羽向刘邦提出以鸿沟为界，各自为政的议和，刘邦答应了。九月，项羽率兵东归，刘邦却毁约攻楚。次年十二月，项羽被围垓下，自刎而死。至此，历时五年的楚汉战争最后以刘邦夺取天下，建立西汉王朝而告终。

感悟

从勇猛来看,项羽"力拔山兮气盖世";从智慧来看,项羽也不乏胆识与智慧,且有"亚父"范增的辅助。然而,就因为不能忍,便江山易主。可见"忍"的威力。

苏轼在《留侯论》中对"君子见辱而不怒"作了十分精彩的论述:"古之豪杰之士,必有过人之节,人情有所不容者。匹夫见辱,拔剑而起,挺身而斗,此不足为勇也。天下有大勇者,卒然临之而不惊,无故加之而不怒。此其所挟持者甚大,而其志甚远也。"苏轼的话十分精辟、透彻地指出了真正的勇者所具备的特点,那就是见辱能忍,不惊、不怒,能忍辱负重者为真豪杰。

是好汉就要能吃眼前亏。"好勇斗狠"虽然强势,却容易成为别人的垫脚石。

"忍"不是懦弱,而是能用理智战胜感情,能够驾驭和控制自己的情绪。只有"忍"下一时怒气,才能冷静、理智地发现对手的破绽,毕其功于一役。

忍耐的智慧

隐忍谦让,是中华民族的传统美德,不论是儒家的内圣,道家的守柔,还是佛家的慈悲,都体现了"忍"。能忍者,方能成大事,因为能忍的人,通常都伴有冷静、沉稳、眼光长远等积极的心理素质。"忍字心头一把刀",虽然痛苦,但却是日后成功的积累。

看透浮华，安身而退

欲望越强，失望越大。不要怕失去，真正的放下了就什么都有了，一切如梦如幻，有什么可执著的。

人生的意境深远美妙，然而多少人为名利这一片"树叶"障目而不见"泰山"。只有看透浮华，舍去名利，扩大眼界，开阔心境，才能在人生路上看得更加长远。

人生的意义在于发掘自己的内心，探索未知的世界。充实内心，贡献社会，才会让自己的生活空间获得无限开阔，人生也才会多姿多彩。在这个追求的过程中，名利只不过是一个副产品。名利场中，几多较量，几多迷茫，几多得意又几多沮丧，在此中历练后，能经受考验并能看透之人，心性必然强大。然而，能经受考验的人众多，可能看透的人却少之又少。许多人，在扎进名利场后，便将名利视为唯一追求，放弃了人生的真正意义。这是真真正正的本末倒置。

佛语有曰："心无所住。"你内心执著于何，就会为何所困扰。重情之人为情所惑，重名之人为名所累，重利之人为利所困，心里、眼里全是这些东西，还怎么去接受其他事物？

处在生活节奏越来越快的年代，各种各样的诱惑、欲望使人们过度地追逐名利，忽视了内心。此时就要"有所为，有所不为"。要知道，

内心强大才是真的强大,名利虽然美妙,却也不过浮华,终有一日,褪去一切浮华审视内心时,你定会为自己内心的贫瘠而后悔。

古人告诉我们:"非淡泊无以明志。"其意是说要想保持一种明镜自然的心态就要学会淡泊,只有淡泊的心态,才能远离名利,恬淡寡欲,不去追求虚妄之事。如《心经》所说:"心无挂碍,无有恐怖。"

名利之心不可重,如人体超重,便易得病;汽车超载,便易出事。名利心过重,也会如此。

为报父仇的勾践与吴国在夫椒决战时大败,逃入会稽山,范蠡于勾践穷途末路之际投奔越国,因向勾践慨述"越必兴、吴必败"之断言,并进谏"屈身以事吴王,徐图转机"被勾践器重,并拜为上大夫。范蠡励精图治辅佐越王二十余年,终于消灭吴国,一雪前之耻,成就霸业。

在举国欢庆之时,范蠡深知勾践为人"长颈鸟喙",可以共患难,难以同安乐,便放弃功名利禄,急流勇退。范蠡走之前曾劝大夫文种同离去,然而文种却不舍荣华,最后被赐剑自刎而死。

后来,范蠡辗转来到齐国,变姓名后,带领儿子和门徒在海边结庐而居,垦荒耕作并经商,没有几年,便积累了数千万家财。他仗义疏财,施善乡梓,被齐王赏识,拜为主持政务的相国。范蠡喟然感叹:"住在家里就积累千金财产,做官就达到卿相,这是平民百姓能达到的最高地位了。可是,长久享受尊贵的名号并不吉祥。"于是,三年后,他再次急流勇退,向齐王归还了相印,散尽家财给知交和老乡。去到陶地后,范蠡再次积累很多财富,被人称为"陶朱公"。

感悟

范蠡淡名利而自保的事例一直为后人所乐道。范蠡懂得顺天道，明进退，把功名利禄、荣华富贵视为身外之物，他没有在这些浮华面前迷失自我，没有被钱财和功名左右，他乐善好施，重德行善，施济贫困，既救助了他人又保全了自己。司马迁称赞他是"富好行其德者"。

很少有人能够像范蠡一样，能够看透浮华，安身而退。在功名利禄和荣华富贵面前，很多人都和文种有一样的心态，最终落得个令人唏嘘的下场。

如果人不执著世间的一切物质名利，就不会被物质名利所控制，而正由于人追求那些感官之物，他们才会变得不快乐。

忍耐的智慧

名利是充斥在人心中的一团迷雾，能够破除的只有淡泊的心态。诸葛亮在《诫子书》中曾说："非淡泊无以明志，非宁静无以致远。"若想像范蠡一样能够看透浮华，安身而退，就要看淡名利。顺其自然，不追名，不逐利，保持一颗宁静淡然的心，便可获取宽广的人生。

矮檐低头，高堂昂首

处于弱势时该怎么办？是随波逐流还是强硬到底？其实这两种方法都不可取。身为弱者，处于弱势时，我们需要改变自己的思路，该低头时低头，低头蓄势；该抬头时抬头，抬头喷发。只有这样，才能厚积薄发，扭转乾坤。

很多人都认为，在情况危急时，就要正义不屈，浩气长存，像屈原，像杨继盛。可是，人人都是如此，又怎么能消灭那些敌对的人呢？看清形势，估量轻重，矮檐时低头，才能在高堂时有首可昂。

遇强则迂，遇弱则攻，这是灵活人的办事策略。只有这样，才能在情况危急而个人无法扭转乾坤时，保存实力。

在历史上，矮檐低头经常为人所不齿，人们普遍认为，明知不可为而为之人，才是大丈夫，真豪杰。但是细细回味，若没有徐阶的曲意逢迎，又怎会有严嵩的落败？若没有祖大寿的诈降，明朝的有生力量又怎能得以保存？

作为中国历史上唯一一个正统的女皇帝，也是继位年龄最大的皇帝，同时又是寿命最长的皇帝之一的武则天，一生饱受非议，然而透过历史的迷雾我们可以看到一个有野心、有抱负的女政治家的成功原因，那就是懂得何时低头、何时抬头。

唐太宗在晚年时就已经发现武则天的政治才能了，为保证李家江山的万年长久，自知大限将到的唐太宗李世民，便想让武则天为他陪葬。

于是，当着太子李治的面，李世民问武则天："朕自知大限将到，但是又舍不得媚娘，不知道朕归天后，媚娘如何自处呢？"

武则天何等聪明，立刻听出了李世民话里的意思，知道自己现在身临绝境，当务之急是要保住性命，只有留下性命，将来才会有出头之日。想到此，武则天灵机一动，跪下对李世民说："媚娘得蒙圣恩，自当以死相报。然而媚娘死也怕圣体未得康健，不如让媚娘到庙中为圣上祈福，以报圣恩。"

李世民只是试探，得到武则天满意答复后，便不再说什么。然而此时李治已与武则天情投意合，自是不愿她出家的。武则天对他说："如不主动去出家，自难逃一死。留着性命，自会有相见之日。只要太子殿下登基后不忘旧情便可。"

李治当即解下玉佩，交与武则天作为日后相见信物。李治登基后，又召武则天入宫。武则天又回到了权力的中心，最终当上了皇帝。

常言道："人在屋檐下，不得不低头。"矮檐低头，不是失节，而是一种策略。在对己不利的情况下，如果还一味盲目坚持，就会惨遭挫败，甚至丢了性命。如果武则天在李世民的试探时直接说出自己不想陪葬的真实想法，那么，也就不会有被世人争议至今的一代女皇了。

"矮檐低头，高堂昂首"是告诉我们，在情势不利于自己的时候要学会妥协，保存有生力量，有时候妥协是一种在正确的解决问题的方法出现之前的最好的方法。

刘邦建立汉朝之后，匈奴大举进攻伐地。汉高祖七年（公元前200

年）隆冬时节，刘邦御驾亲征。

这是中国史上一次著名的会战。冒顿单于假装败走，在白登山成功伏击刘邦，刘邦被围困七天七夜，最后通过贿赂冒顿单于的阏氏才得以出逃，此次会战史称"白登之围"。脱围后，刘邦只好与匈奴和亲。虽然从历史发展上看，和亲促进了民族团结，然而，在当时却是一种侮辱。但是为了安宁，汉朝还是不得已而妥协。

刘邦死后，汉朝政局未稳。为了攻打汉朝，冒顿单于决定激怒吕后，并以此为借口再次同汉朝开战。冒顿单于亲自给吕后写了一封信，大意是说："你现在孤身一人，和我一样都是独居。两主失去了配偶，都不快乐，也没有什么可以用来娱乐的，我愿意拿我所有的，换取您没有的。"这封信到了汉朝后，引起极大的愤怒，准备立即出兵攻打匈奴。然而考虑到之前的"白登之围"，吕后还是隐忍了下来，她语气谦卑地拒绝了冒顿单于，并送去良马和自己乘坐的御车。

冒顿单于找不到出兵借口，便打消了入侵中原的念头，而汉朝在此之后励精图治，最后，在汉武帝刘彻统治时代，一雪吕后时代的耻辱。

感悟

有些时候，奋起抗争不仅不会对事情的正确发展起到任何作用，反而会使事情朝不好的方向进一步发展。如果懂得矮檐时低头，用百倍的忍耐暗中积蓄力量，则会获得更好的效果。

武则天和吕后都是具有政治头脑的女豪杰，在面对不利情况时，懂得隐忍，懂得低头。但是这不是服输，她们用一时的妥协为自己争取了时间和力量，最后获得了成功。没有人会嘲笑她们当初的妥协与退让，也没人嘲笑她们的谦卑与媚颜，因为她们用事实证明了自己。

在日常生活中，很多人在面对强手时，都会选择针锋相对，遇见横的就要比对方还要横，虽然这样看起来很强势，但是却把自己置身于锋尖，结果很有可能会造成两败俱伤。

 |忍耐的智慧|

矮檐低头，不是没有骨气，而是一种策略，须知"识时务者为俊杰"。看准时机，"遇强则迂，遇弱则攻"，方为智者。然而在"低头"时一定要有一个度，不是所有的事情都可以"求全"而"委屈"的。

忍受小败，成功长久

俗话说："小不忍则乱大谋。"试想，连一点点失败都不能忍受的人，怎么会有大度量去面对以后更多的挫折呢？能付出，能坚持，能承受，这是成功者共有的品质，然而除去这些，最重要的还是要学会忍耐——忍耐一时的失败，成就更大的成功。

20世纪90年代，在北方的某一个小镇上开了第一家澡堂。澡堂虽说不大，可因为占着个唯一，生意也特别兴隆。澡堂老板在澡堂开业那天作了一个特别规定：镇上所有65岁以上的老人来洗澡全部免费。人们虽然觉得奇怪，但也非常高兴。

小镇上65岁以上的老人并不少，自规定定出后，每天都会有十几位老人前来洗免费澡，多的时候甚至有二三十位老人前来。如此，澡堂每天至少也会少收入几十块钱，而那个时候，几十块钱不是个小数目。一年下来，澡堂老板挣的也就刚刚够成本钱。

然而，这家澡堂却一开就是十几年。这十几年来，小镇上越来越繁华，澡堂也开得越来越多，名字也五花八门，什么洗浴城、洗浴中心……只有最初的这家还叫澡堂，65岁以上的老人洗澡不要钱的规定依然执行着。

不是没有人为澡堂老板出谋划策过，老板的朋友曾建议老板把澡堂换下设施，提提价格，不过，被老板拒绝了。拒绝的理由是：这里上了年岁的人，都恋着来这泡大池呢。

老板的朋友说，你又不是慈善机构，这么多年你作的贡献也够了，做生意赚钱不容易，老人会理解的。

老板笑而不答，朋友急了，询问为什么。澡堂老板对朋友说："现在生意不好做，你看镇上新盖的澡堂，有哪家能坚持几年的？我这家澡堂能够维持这么多年，就是因为谁家都会有老人。用良心去赚钱，这样人家才会认同你。表面好像吃亏了，其实我赚着了。"

三年后，澡堂老板的儿子在城里也投资开了一家澡堂，名字很朴素："良心澡堂。""良心澡堂"无论在设施上、装修上还是规模上都比老澡堂好，但是也沿袭了他父亲的规定：65岁以上的老人可以免费洗澡。除此之外，65岁以上的老人还可到此享受一顿免费的自助餐。

两年间，澡堂老板儿子的"良心澡堂"已经开了三家连锁店。

感悟

澡堂老板的成功原因很简单，相信镇上所有人也都知道他的方法。但是为什么成功的只有他呢？答案不难猜，因为其他人舍不得每个月的那几十块钱。人们都能精明地计算出如果每个月损失这些钱，一年下来要损失多少这笔账。这些人虽抓住了眼前的利益，却失去了长远的发展。

澡堂老板忍受了最初的失败，在生意渐好后也没有被贪婪和欲望所迷惑，正因如此，才有后来的成功。

人之所以痛苦，是因为追求了不该追求的东西。现实生活中，每个

人都在追逐利益,有的人甚至为了利益不惜违背自己的良心。这些人忍受不了成功前的痛苦,看着别人成功心生嫉妒,为了赶超就忘记了本该坚持的东西。忍耐,说起来容易做起来难。如果人人都能忍耐住一些诱惑,那么成功还会远吗?

忍耐的智慧

参禅之人,都是懂得忍耐的人。如果没有忍耐之心,又怎能在青灯古佛前大彻大悟呢?黎明之前的夜是最黑暗的,成功之前的路是最难走的,在通往成功的路上我们会遇到各种各样的挫折和困难,一个忍不住就会偏离到达的成功的轨道,忍住了,便离成功越来越近。

急功近利，得不偿失

尘世浮华太盛，很多人为了快速到达成功，脚步开始变得不扎实。要知道，急功近利往往会得不偿失。佛家有言："顺境难以修佛。"坎坷的路虽然走得艰辛，但是在走的过程中，你会收获很多，强健的体魄，强大的心性，都是这上天在逆境中所赐予的法宝。人生路上，不能走得虚浮，不能急功近利，一步一个脚印，踏踏实实，才是长久。

山上的一所寺庙里，住着一个老和尚和一个小和尚。小和尚每天担水，打扫庭院，日子过得很清苦。老和尚每日在殿中诵读佛经，看得小和尚好不羡慕。

小和尚知道要想成为大师，眼前的苦是必须吃的，没有捷径可走，因此他虽羡慕老和尚的清闲，却也并未偷懒，但每次看到老和尚时，他的脸上还是忍不住流露出羡慕的神情。老和尚把一切都看在眼里。

又过了一年，小和尚的心再也不能平静了，他不想再做打扫庭院的沙弥了，他也要参禅，他也要悟道。于是，他找到老和尚，向他表明了自己的想法，并问老和尚的看法。老和尚笑而不答，最后告诉他明日再来。

第二日，小和尚惴惴地来到了老和尚的门前。老和尚打开房门，交

给小和尚一粒种子，告诉他，待种子秋天结果便会告诉他如何参禅。

小和尚十分激动，立刻跑到树下，把种子种了下去。山上土壤贫瘠，种子不易成活，每日打扫完庭院后，小和尚都要去树下盯着种子。每夜小和尚都能梦见种子破土而出，开花结果，然后自己成了得道高僧。梦里过于美好，以至每当小和尚第二日起来看到依然没有长出幼苗的土地时，心中都一阵焦急。

有一天小和尚终于忍不住了，他要扒开土壤去看看种子如何了。结果令小和尚非常高兴，因为他看见那小小的种子尖上已经微微露出了嫩芽。他高兴极了，把种子放在手中看了又看，然后仔细地放入土壤中。第二日，他又来扒开土来看。第三日，第四日……每日都如此。没过多久，小和尚发现，种子嫩芽的长度与他第一天看到的还是一样，几乎没有长长过，这是为什么？小和尚百思不得其解——难道是自己浇水不够勤快？难道是自己给的关注不够？

进入秋天，栽下种子的地方依然空空如也。小和尚失望极了，他甚至想，会不会是老和尚就给了他一粒根本不会长出来的种子？

深秋，老和尚叫来小和尚，给他看了一盆结着果实的不知名的植物。老和尚告诉他，这是与给他一样的种子结出来的。老和尚问小和尚的种子现在如何，小和尚无言以对。

老和尚问小和尚是怎样培育种子的，小和尚便把过程说了一遍，他告诉老和尚，他每日都会扒开土去看种子的情况，可是，种子就是不破土而出。

老和尚听后语重心长地对小和尚说："天地万物都顺应其本性，埋入土壤，给予其必需的水分和阳光即可，剩下的只需耐心地等待就好了。我见你一心想要参禅，须知参禅的过程是很枯燥的，且没有捷径。佛祖感化世人讲求机缘巧合，禅机一到，自会领悟。然而，禅机何时到，却不是我们所能预见的。让你等待种子结果，就是想让你通过这个过程去理解参禅的过程。你可知缘何种子不破土而出，你每日把它拿出来看，它的根总也扎不深，怎会有果呢？万事万物皆有禅意，一花一叶皆有其道，在寻常生活中也是可以悟道的。你需记住，人生在世，不可求速成，急功近利，往往会得不偿失。"

小和尚听后恍然大悟，也为自己当时对老和尚的误解感到羞愧。他明白了老和尚的用心，渐渐改去自己心中的浮躁。很多年过去了，人们都说山上又出了一位得道高僧。

|感悟|

成功对于人们来说，太具有诱惑力，每个人都渴望迅速得到。要知道文火慢炖才会炖出真正的美味，而急功近利就好比大火炖成的菜品，难以回味悠长。漫漫人生路，一步一步前行，才能看见其中的美景，才能领悟其中的真谛。如故事中的小和尚，一心求快，却没有得到想要的结果。

|忍耐的智慧|

世间万物，有所得必有所失。佛家讲究因果轮回，此处之因会造就彼处之果。遇事急于求成，想要的结果看似立刻到了，殊不知，伴随其快的"果"也会到的，也许是善果，也许是恶果。生命如此多姿多彩，何不放慢脚步，细细体会呢？

第二章

拈花笑，忍一时苦：汝等众生皆可成佛

一切有为法，如梦幻泡影。外在的一切只是泡影，不要因为外在因素而太过于执著。忍得外界所带来的一时之苦，才会看见他人所看不到的世界。俗话说：『忍人之所不能忍，才能为人所不能为。』人，生来皆苦，唯有忍耐当前的种种困难，方能在未来的道路上有所成就。

忍耐嘲讽，举世瞩目

《佛遗教经》里有这样一段话："能行忍者，乃可名为有力大人。若其不能欢喜忍受诽谤、讥讽、恶骂之毒如饮甘露者，不名入道智能人也。"人总有技不如人的时候，因此难免会遭受到他人的嘲讽，能忍耐的人才会有所作为。无论是嘲讽也好，恶骂也罢，能忍受的人才有实现成功的可能。

可是生活中往往有一些人，他们在遭遇到嘲讽之后，只知道沉沦在恶毒的话语之中，玷污了自己的心，或者是心生嫉恨，甚至伺机报复，这样的人往往得到的是失败。很多时候，嘲讽是能鞭策一个人进步的良药，聪明的人知道在别人的嘲讽之中，反省自身的不足之处，从而改进自己，并以此不断激励自己进步。

在城里有个很穷的人，他做着让人嗤之以鼻的工作——清除城里的粪便。每个人看见他都远远走开，就连小孩路过他身边也会嘲讽他一番。在众人眼里，他就像粪便一样污秽恶心，没有人看得起他，没有人愿意跟他来往，所以他总是孤身一人。

有一天，他挑着一担粪便从茅厕里出来，这是他每天的工作，要从城里挑到郊外去。时逢中午，一路上人很多，人们远远看见他就先掩着鼻子，等他走过来的时候便开始低声咒骂："你有没有搞错啊？大中午挑着这个东西到处乱跑，你到底有没有公德心啊？真是臭死人了。"这样的话他已经听得早就习以为常了。刚走出城门不远，释迦牟尼迎面走了过来。看到释迦牟尼身上佛光闪耀，挑粪人几乎不敢相信自己的眼睛，心生景仰的同时，也赶紧掉头就走。这时候释迦牟尼却在后面叫他，说："你不用避我去别的地方，我是专门为你而来的。"挑粪人听到这句话感觉又惊又喜，还有点诚惶诚恐——毕竟自己是连常人都不愿意接近的污秽之人，这如此尊贵的释迦牟尼怎会愿意接近自己。

释迦牟尼知道他心中的想法，没有多说什么就将他带到了河岸边。

释迦牟尼转过身来对他说："到河里去吧，河水会把你身体中的污秽冲洗干净。"挑粪人听他这样说以后，赶忙走到河里，开始努力清洗身体。不一会儿，只见河水变得浑浊不堪，而他的身体不由自主地离开了水面。等到他在慌乱中定下神来，才发现自己已经到了释迦牟尼身边。他知道这是释迦牟尼的恩典，于是马上拜倒在释迦牟尼脚下。

释迦牟尼拿出一件崭新的袈裟披在他身上，帮他剃度后将他带回去了。往后挑粪人每天努力修行钻研佛法，靠着自己的努力在很短的时间内就修成了罗汉。

感悟

没有人注定生来就站在高处，所以暂时的低落并不能说明什么。能够忍耐嘲讽，在嘲讽里找寻动力去改善自我，将来才有一鸣惊人的可能。

学会忍耐外界的嘲讽，并默默改变，在改变中也足以证明自己是一个优秀的人，他人的看法固然重要，但更重要的是自己面对一切的决心和能力。

 |忍耐的智慧|

人有忍辱负重的本事,才有达到目标的可能。那些曾经讥笑、嘲讽、辱骂甚至落井下石的人,我们应该感激他们,因为他们是催我们奋发图强的兴奋剂,也是最好的动力。

走出自卑，超越自己

自卑是一种心理问题，如果不重视的话，很有可能会转化为严重的心理疾病。长期处于自卑状态的人，内心会时常处于压抑状态，而一旦忍耐到了一个极限，就会爆发出来，伤人伤己。自卑可能会由自身家庭问题、容貌问题、身体缺陷问题、能力问题等各方面引起。要走出自卑，首先要正确面对自卑。

自卑通常表现为：情绪低落，少言寡语，总认为自己不如他人，不愿与人来往，经常会有自疚、自责的情绪。自卑的人严重缺乏自信，在很多方面都是优柔寡断，这样的人缺乏生活的乐趣，只会沉浸在自己的情绪当中郁郁寡欢。

在现实生活当中，自卑的人很普遍，我们身边或多或少都有这样的人存在——他们不敢大声说话，就算是笑也不敢太过张扬；大多数时间都是独自一个人，渴望得到别人的关注，也害怕别人对自己过多关注；他们很少会有真心朋友，人际交往会让他们更感自卑。

在古时候的钱塘江，有这样一个人。在一次劳作的时候，他伤到了左腿，留下了残疾。从那以后他变得不爱出门，更谈不上下地耕种了。他过上了自闭的生活，每日只靠着他的妻子做一些零散的缝补工

作来维持生计。他的妻子接不到活的时候，他们就只能喝一些清粥来果腹。

终于有一天，他的妻子实在无法忍受这样的生活，于是毅然决然地离开了。后来他的妻子在娘家人的安排下，嫁给了一个家境还算不错的人。经过这件事情以后，他变得更加自卑了，想着自己的妻子都觉得自己没出息，离开了自己，他的心情变得更加阴郁。

他的邻居见到他这个样子，实在是忍不住了，于是找到他说："城镇西边有一座寺庙，里面的惠德禅师是拥有大智慧的人，你该去找他，他能帮你的。"他有些半信半疑，思索了很久，还是去了。

他唯唯诺诺地站在禅师面前，禅师打量着他，他在禅师的目光中显得浑身不自在，生怕禅师会嘲笑自己。禅师见此便明白是他的自卑心理在作祟，但是仍然盯着他，沉默不语。

他在禅师的目光中备受煎熬，甚至开始出冷汗……后来禅师对他说："你既然来找我，想必是有烦恼的，那么就请你说一说吧。"那人说："大师，你刚才那样看我，是在嫌弃我吗？"禅师只是轻轻笑了笑，什么也没说。

那人见状又说道："我知道你们都看不起我，觉得我身有残疾，妻子又另嫁他人。"他两眼中闪着泪光，而言语之间已哽咽了。

禅师示意他跟着出来，来到大殿前的大树旁站着。这时正是秋天，落叶伴随着一阵风，一片片落到他们的周围。禅师说："你看，这些叶子没有一片是相同的，而有些叶子被虫咬得千疮百孔。无论它们的状态如何，到了秋季落叶之时，都免不了枯萎的命运。生命于自然之间，总是会有些缺憾，叶子与树，也迟早是要分离的。生老病死也是常事，何况是分离呢？"

那人听了以后，猛然间醒悟过来……

从那以后他重新面对生活，这才发现人们对他并没有意想中的那样看不起，反而是见他腿有不便，曾多方帮助于他。于是他重新劳作，生活也变得越来越好。

 |感悟|

有一位著名的心理学家说过："自卑与他人无关，很多自卑都来源于自己内心中的臆想，把自己的一些缺陷或缺点无限放大，从而生成自卑。"其实自卑的人内心好比是一个放大镜，将一些他人丝毫不在乎的细枝末节无限放大，把尘埃放大变成巨石，沉重地压在自己的内心之上。

一般来说，自卑是一种性格上的缺陷。自卑的人很难融入集体生活，大多时候都是孤身一人。这样的人十分懦弱，遇到一些挫折根本就无法面对，所以他不会愿意去接触别人，而别人也不会主动接近这样的人为自己徒增烦恼。

自卑是对自我认识的直接映射，通常是觉得自己的能力低下或品质完全不如人，对他人过高评价，会认为别人看不起自己，而很多时候自己更是会轻视自己或看不起自己，认为别人无法对自己尊重。

克服自卑的方法是要对自己树立自信，要相信自己可以征服畏惧，调整好自己的心态，不要认为自己就比别人差，试着找出自己的优点，不要将一切想法都在脑海中假想，必须要付之于实际行动，尝试着去做最让自己感到畏惧的事情，反复去做，一直到获得成功。

|忍耐的智慧|

人应该要以积极的心态去克服自卑，因为自卑，是意识到了自我的

不足，而因为不足，所以才让我们有了继续进步的空间。只要多一分勇气去面对，不停地警醒和磨炼自己，一定会走出自卑，朝向光明。

少安毋躁，以静制动

无论是什么情况下引起的急躁情绪，对人对己都是百害而无一利的。当浮躁之气生于心，人便无法冷静处理、理性分析、客观面对问题。

现实生活中，有不少的人总是渴望任何事情都能够一步到位，所以在遇到不顺的时候就会焦躁不安。试看哪有人可以一口吃成胖子的呢？一切事情都有其规律，欲速则不达，不按步骤行事是不可能完成的。

唐朝武则天为皇之时，十分珍爱女儿太平公主，但凡有什么好东西进贡，首先想到的就是太平公主。有一次，武则天见进贡的物品十分精致，就赐予太平公主。物品为各种珍贵宝器两盒，价值黄金千两。太平公主得了赏赐之后，悉心收藏起来。但是，几个月之后，所赐宝物全都不翼而飞。太平公主见此状况不敢有丝毫隐瞒，立即禀报了上去。

武则天听到太平公主所说，愤怒不已，立即召来当时的洛州长史，下了诏令，若是他三日内无法破案，便要问罪。洛州长史听后十分恐惧，便召来手下也限定日期。命令就这样一层一层地被推了下来，最后推到了吏卒身上。

无法再往下推的吏卒们相当苦恼，破案不成就只有等被问罪了。恰

好这时候,他们在街上偶遇湖州别驾的苏无名。这个苏无名闻名全国,以侦破疑难案件出名。于是他们求助于苏无名,希望得到帮助。

苏无名听完他们的讲述后,便接手了这件御案,来到洛州长史面前,要求他带自己去见武则天,说自己可以破这个案子。洛州长史见苏无名如此胸有成竹,而他对于此案也是焦急不已,于是立即上书要求面圣。

武则天看见上书后,立即派人传召了他们,也见到了传闻中的苏无名。苏无名来到朝堂之上并无丝毫慌乱的表现,他镇定自若地面对武则天。武则天见他这样,于是便问道:"你果真能为公主寻回赏赐之物?"

苏无名果断地回答:"是的!"武则天是非常聪明之人,她见苏无名这样,知道他是有十足的把握。

苏无名接着说:"如果圣上同意臣来破这个案,请不要在时间上多做限制,不要惩处官员,并且将县中的吏卒交臣差使。如果圣上能够同意这要求的话,臣定将在两个月内擒获此案盗贼,将所有赏赐之物追回,一并交付于陛下。"

武则天思考片刻,便应允了他。

在接下来的一个月中,苏无名并没有进行侦破工作,而是一如既往悠闲消遣着。寒食节即将来临。直到这时候,苏无名才开始召集大小吏卒,开始为破案做准备。他让所有的吏卒都穿成寻常百姓的模样,将武器全部放下,并分头进行巡游侦查。只要遇见身穿孝服的胡人,就要立即跟踪盯上,但不得打草惊蛇,查明地点以后,派人回衙门报告。

没过多长的时间,苏无名在县衙就等到了消息,一个外派出去的吏卒跟踪到了一群胡人。问清情况后,苏无名便召集所有人,跟随吏卒悄悄地去到跟踪地点。苏无名到了以后问盯梢的吏卒:"胡人进了坟场之后是什么样的表现?"

吏卒轻声回答道:"这伙胡人身着孝服,来到一座新坟前奠祭,并没有失去亲人的痛苦之情,反而是环绕着新坟周围察看了一番,似乎看到并无异样后便对视而笑了。"

苏无名听到禀报以后心里一阵暗喜,知道此案已破,便下令拘捕了那批胡人。打开新坟后一看,棺材里面竟然全部都是珍贵的珠宝。经过核对,证实这些正是太平公主所失的宝物。

感悟

此例中,假如苏无名依照三天之限,强令官员去侦破,结果一定是官员四处搜寻,造成窃盗们的惶恐,最后他们一定会取宝逃亡,此案就无法侦破。正是因为苏无名以静制动,大案才能一举道破。

我们做任何事情都应该像苏无名一样,不能有急于求成的心态。凡事要勇于忍耐,还要精通忍耐之道。以一种不急不躁的状态去处理事情,才能透彻地分析,冷静地思考,事情才能办好。

急躁,最直接的表现就是无论什么事都无法深入下去,不明所以,不究其理,遇事应沉着、冷静、三思而行。控制情绪是每个人在社会上生存的必备技能,一个连自己的情绪都无法控制的人,不仅会伤害到别人,也会使自己受到伤害。

忍耐的智慧

在形势不明朗的时候,要抑制自己的急躁情绪,静下心来在忍耐中等待,这需要顽强的毅力和容纳百川的气度。

好马也吃回头草

很多人都有"好马不吃回头草"的情结,认为只要回头就有失颜面,会遭受众人的鄙夷与耻笑,因此打死不愿回头,最终因为"死要面子活受罪"造成不可挽回的后果。有一句话叫"浪子回头金不换",只要你有足够的勇气和动力,回头那又如何呢?

谁都会有选择失误的时候,失误并不可怕,可怕的是不能及时悔改。常言有:"人谁无过?过而改之,善莫大焉。"能及时改正自己的错误,才是值得推崇的地方,而不应该局限于"好马不吃回头草"的思维里。"良禽择木而栖",回头草如果比其他的好,那回头便是了。这是自己的选择问题,一个人活在他人的言语之牢中,错失机遇才是得不偿失的。

一群马随着季节迁移到了一片十分肥沃的草地,它们看到草地一望无际,都显得开心不已,于是就从脚边开始吃起来了。

随着时间的推移,马吃到了草地的边缘以后,它们发现前边是一片一望无际的沙漠。

在面临沙漠的时候,马群的意见出现了分歧。有的马决定继续前行寻找更肥沃的草地;有的马看着剩余的青草犹豫不决,但看着其他的马要离开，碍于面子只得硬着头皮继续向前。这些都是人们口中所谓的"好马"，因为它们不吃回头草。

但是其中有少许的马，它并没有因为受到其余马的影响而继续向前，它们明白往前走很可能会遭遇不幸，它们不想成为所谓的"好马"而失去生存的权利，于是毅然决然往回走，回到那片肥沃的草地。

结果是"好马"在一望无际的沙漠里，没有了食物和水源，全都死了，只有那少许的吃回头草的马活了下来。

感悟

"好马不吃回头草"这句话让这群马丧失了生存的机会，丧失了延续生命的机会，丧失了享受生活的机会。现实生活中，有很多人也因当"好马"丧失了宝贵的机会。很多人即使很清楚回头草最肥沃，也因为面子问题不愿意回头。

在生活中总能遇到那些为了面子不肯改正错误的人，他们总是以"好马"自居，无论是错过还是失去，决不回头。但是这样的人只会在表面上装作丝毫不在乎，但是在心里却后悔不已。这所有的一切都是因为他们"若是回头就会有失颜面"的心理造成的。

忍耐的智慧

人总是要等到失去的时候，才会懂得拥有的可贵，才会懂得珍惜。不论"前草后草"还是"新草旧草"，只要是"好草"，我们就要不畏人言，大胆去"吃"，因为只有这样，才能让人生不留遗憾。

不懂忍让就会被假象蒙蔽

有句话叫"眼见为实",但眼睛看到的就一定是事实吗?这世界上很多事情并不像我们看上去那么简单,我们认为正确的事情未必是对的。人们常说:眼见为实,所以我们信赖它,而正是因为无条件地信赖,所以常会被误导。人们的思维常常是主观的,在看待其他人和事的时候,总是会不自觉地戴上有色眼镜,用自己的喜好和标准来进行评判,这样的结果就自然是假象。

中国著名的大圣人孔子,他经常和弟子一起出游。

有一次,他们在出游的路上遭遇到了一伙强盗,所带的银两和粮食几乎被洗劫一空。那时候大家都已经非常饥饿,回到住处以后,孔子将大家身上剩下的所有口粮放在一起,让弟子颜回去厨房煮一锅粥来给众人果腹。

过了一会儿,孔子见颜回还没有回来,于是就到厨房去看看,正巧看见颜回拿着勺子在喝锅里的粥。孔子见状非常生气,正想要进去质问他,这时候却听见颜回说:"这可怎么是好,灰是越来越多了!"

孔子听了以后才发现事情并不是自己想的那样。原来那锅粥早就被烟灰给弄得变了颜色,只是颜回舍不得这粥,于是决定自己吃了。孔子弄清缘由以后,不由感叹:我们眼睛看到的事情,并不一定是它真实的样子啊⋯⋯

由这个故事可以看出，有些时候眼见不一定就是事情的真相。很多时候，我们要懂得先忍，不要一味相信自己的眼睛所看见的，事情的真相往往会在忍耐之后浮现出来。

有太多的假象是因为人们的情绪造成的，所以在面对事情的时候，应抛开个人情绪，这样即便不能很快分析判断，也能在静候中看见真相。只有这样，才不会被假象蒙蔽，避免给他人造成一些无法弥补的伤害。

| 感悟 |

在现实的生活当中，人容易被情绪左右，也就看不见事情背后的真相。所谓"冲动是魔鬼"便是这个道理，情绪影响判断，而人一旦冲动，就容易造成伤害。

| 忍耐的智慧 |

很多事情总是要随着时间的推移，才会真相大白。无法忍耐到最后，就看不见事情的真相，因主观臆断，错误也就连连发生。所以，遇事切莫急躁，避免被假象蒙蔽。

失去太阳时，忍耐是为等候星群

《胜妙独处偈》里有这样的一句话："慎莫念过去"。过去即便是再美好，那也已经成为过眼云烟，现在再想追寻已是无从下手。佛理对这一句偈子有着这样的解释："有人作如是思惟，过去色如何，过去受如何，过去想如何，过去行如何，过去识如何，若思惟是事，心生执著，不肯放舍，是谓念过去。"

过去不应该过于留恋，因为过去早就成为过去。若对过去太过沉迷，我们就容易迷失了现在。我们并没有那么多的时间去追求成为过去的事物，生命有限时间有限，还是应该寄希望于未来。

命运既然注定要有所失去，就不要过多留恋，坦然去接受远远好过于沉溺过去。印度诗人泰戈尔曾经写过这样一句诗："当你失去太阳的时候流泪了，那么你又要失去星群了。"既然已经失去了太阳，就不要浪费太多时间去缅怀，对太阳不舍的情绪，会让我们错失欣赏群星的好时间。

有一位武术大师，他的腿脚功夫快得令人咋舌，每每有前来与之切磋武艺的人，经过一番切磋后，无不是佩服得五体投地，这位大师正是以他迅猛的腿脚功夫扬名武术界。也正因为如此，许多慕名而来的人拜在了他的门下。

可是命运就是如此弄人，偏偏在他名声正盛的时候，意外降临了。有一次，这位大师上山练功的时候，遇到一只猛兽，搏斗间他的腿被撕咬下来。他以最后的力气将猛兽击退，随即昏了过去。他醒来时，已是在自己的床榻之上，一问之下才知道是一位过路的砍柴人救了自己，还将自己送了回来。

一个以腿脚功夫威震武林的武学大师，竟然失去了自己的双腿，只能靠轮椅来进行日常间的活动了。

大师的弟子们看到这样的情况，个个都觉得痛心疾首，十分担心自己师傅的状况，但凡在他面前，都尽量不去提及有关这方面的话题，生怕触及大师的伤心之处。可是大师并没有他们想象中那样脆弱，没有因此而过多伤怀，也没有抱怨命运的不公。

他还是一如既往地生活，每天吃过饭以后，就像过去一样到练功房练习内功。弟子们见他这样，担心他会想不开，做出些过激的行为来，便一直在周遭候着，也好侍奉一些。

大师练习完内功以后，看着等在一旁的弟子们，开口说道："今后我是练不了腿脚功夫了，不过经验和功法我都还铭记着，你们要是还想学，我会像以前那般认真教导的，只不过我没办法再示范。你们也无需过多担忧我，我不会因此而想不开的。我决定了，从今天起我要努力练习臂掌部的功夫，绝不会因为失去双腿而自暴自弃，让自己变成废人的。"

几年的努力练习以后，这位武学大师再次在武术界扬名，他以出色的掌上功夫赢得了更多人的敬仰。而弟子们见到这样的境况，也决定更加努力练习，立志成为像师傅一样出色的武术大师。

有一次，一位多年不见的老友前来拜访，看到他一直引以为傲的双腿变成如今这样，忍不住流泪叹息，感叹命运的不公，可是大师却很坦

然地对老友说:"过去就算再辉煌,那也会随着时间成为过去,我想要轻松地生活,练武就必须要丢弃它们,既然已经丢弃了,那何必让过去的痛苦打扰了我们久别重逢的喜悦呢?"

| 感悟 |

武学大师的故事很好地诠释了泰戈尔的诗句——失去太阳时,忍耐是为等候星群。大师在失去双腿以后,面对将要失去往日的辉煌时,十分坦然。他认为,过去无论是成功还是失败,是残缺还是完整,都属于过去了。如果一味留在过去的阴影中,怨天尤人,不肯走出来,那么就永远看不到即将到来的星光。昨日的一切早已化为尘烟,在时间中消失殆尽,我们不该背负着这些,否则会看不见眼前的美好。

过多留恋于过去的得失,就会错失现在的"星群"。

洒脱一些去面对过去,摆脱了失去和痛苦,才能更好地享受如今的生活。失去了就是失去了,无论是留恋还是不舍,都应该过去了,何必过多浪费时间去空怀念呢?如果留恋可以挽回,那么我们也不需要未来了,只要活在过去就好。

没有人能一生平顺无忧、没有坎坷曲折。命运就如雨中娇弱的草,时刻会遭受击打,如果一味沉浸在伤痛中,那么就无法享受雨后的彩虹和阳光的温暖了。很多时候只要我们肯退一步想一想,那么昨天的打击无论多么沉重,也终将会过去。坦然地面对,才能拥有更美好的生活。

| 忍耐的智慧 |

时间流逝是自然规律,人如果只一味沉溺在过去的美好之中无法自拔,就会意志薄弱,错失很多成功的机会。

低头是为了登堂入室

中国传统教育教导我们的多是：无论面对什么都应该要有坚贞不屈的正气。李白在《梦游天姥吟留别》中写到："安能摧眉折腰事权贵，使我不得开心颜。"郑燮的《竹石》："千磨万击还坚劲，任尔东西南北风。"这无不是在教育我们要坚忍不拔，无论遇到什么都应该有不屈的正气。可是在我们现实生活当中，我们不应该一味强执这样的思想，应该在适当的时候学会低头。坚韧不屈确实是一种良好的品格，可在一些时候，只有学会低头我们才能登堂入室，实现自我价值。

百折不挠和坚贞不屈固然是我们需要具备的品质，可是低头更是我们应该学会并且能灵活应用的。学会了低头，我们才不会因为不屈而遭逢绝境，才会明白适时的低头带来的好处。当然低头是必须基于我们底线的前提下，不要一味低头而失了做人的尊严和原则。

山上有座寺庙，可是通往寺庙的路却不好行走。寺庙的主持是个十分有名气的禅师，所以即便路途难走，寺庙的香火也很旺盛。

有一天，一个人到寺庙里找到禅师，希望禅师一解心中烦闷。这个人在生活中时常被众人孤立，工作中即使再努力也得不到领导的赏识，甚至自己的妻子也不愿意和他多说些什么，这让他十分苦恼。有时候他

试着去接触别人,也都被人拒之于千里之外。慢慢的,他变得孤僻起来。

禅师听了他说的情况过后,将他带到寺庙后面的一处高崖之上。崖上有几棵树矗立着,但周围多少都有些树枝断裂开来,散落在树的周围。

禅师说:"你看这树,便如同你的人生,你现在的情况就像树枝,不懂得如何处理就会断裂。"这人听了以后,便问道:"那么禅师,我要如何才能改变我这样的境况呢?"禅师这时示意他看着对面崖上的松树,说:"你看,那松树和这边的树相比有何不同?"

那人仔细看了会,说道:"相比之下,松树周遭并无树枝断裂,而且还比这树更加繁茂。"禅师又说:"那你可知道为什么?"那人想了想,摇了摇头。禅师说:"松树懂得在风雪之时,压低自己的树枝,以此来卸下枝干上的雪,而这些树不会。"

听了禅师的话,那人沉默了片刻,说:"禅师的意思是我不应该像这树一样,随时都保持着刚直不阿的状态,应该学会像松树一样低下头来。"禅师说:"是这样的,但也不全是这样。为人处世学会妥协和低头,也是应该有自己的底线,松树懂得弯曲自己的枝干,也懂得弯曲之后也要舒展枝干。你应该把握好一个度,才能更好改善你的困境。"

这时候,那人才算有种恍然大悟的感觉,告别了禅师。

经过一段时间的努力,他改变了自己的犟脾气,在很多事上去妥协去适应和帮助别人,虚心学习他人的长处。他顺利克服了当下的困境,成为一个受众人喜欢的人,而他与妻子的感情也重新好了起来。

| 感悟 |

为人处世都需要一些圆滑和妥协,这并不是懦夫的表现,而是一种

智慧。但是在圆滑和妥协中,不要因为圆滑而变得虚伪,不能因为妥协而没有底线。

　　学会低头,才能看到自身的不足之处,从而得到改正。低头并非是因为无能而屈服的表现,也是在为人处世当中谦虚、谨慎的一种态度。

　　唐朝的柳宗元因为前半生严正刚直的处世态度,遭受到许多挫折和困境,一直到了晚年,他才明白低头的真理。因此,他说:"吾子之方其中也,其乏者,独外之圆者。固若轮焉,非特于可进,亦可退也。"

　　要想踏入成功的大门,就必须低下自己高昂的头,因为成功的大门,往往是在低头之后才能走进去。

 | 忍耐的智慧 |

　　低头不是毫无底线的妥协,而是在面对困难和痛苦的时候一种理智的忍让;低头不是人格的丧失,而是在磨难之中锻炼休养自我的一种行为。只有学会低头,才能有登堂入室的机遇,才有实现自我人生价值的宝贵机会。

磨砺身心,格物致知

《礼记·大学》:"致知在格物,物格而后知至。"这整句话的意思是只有将事物原理摸个透彻,才能从根本上获得知识。要想驾驭事物的发展,只有掌握了事物的本质规律才可以做到。古语有云:"天下不治,匹夫有责。其责何在,在物不格耳。物若肯格,则知致,意诚,而心正,身修矣。"

现实社会里有很多障碍,有的甚至会影响到我们心理的健康,但是无论面对的障碍如何,决定性的因素一直都存在于我们的心里。只有历经身心的磨砺,才能有格物致知的精神,最终才会有成功的可能性。有一句流传至今的古训:"宝剑锋从磨砺出,梅花香自苦寒来。"宝剑不经历无数的磨砺自然就无法锋利,梅花经不住寒冷的摧残,也就不会被众人称赞。做人也应当如此,经得住磨砺,才会有辉煌的时候。

经受住磨砺的人往往走向了成功,他们就像钢铁一般,能从不断的磨砺之中露出锋芒,在挫折之中总结经验教训,从而悉心研究事物的本质,从失败中再走起来。

很久以前,在海边有一个养蚌的人,看着自己养出来的那些珍珠他很开心,但是他想养一颗世界上最大最美的珍珠,没有任何珍珠能比上它的色泽，能比得上它的华美。

　　于是，他去海边沙滩上，想要挑选出一颗合适的沙粒。他不停地在沙滩上寻找着，并且一颗一颗询问沙滩上的那些沙粒愿不愿意变成美丽的珍珠。可是，他一直从清晨时分问到黄昏日落西山，没有一颗沙粒愿意成为他口中所说的珍珠。

　　在他几乎要绝望的时候，终于有一颗沙粒回答他说愿意做珍珠，他听了以后十分高兴。可是，这颗沙粒周围的沙粒全都在嘲笑这颗沙粒，说它太痴心妄想，不安分地呆在沙滩上，过着吹海风、晒太阳的生活，而是听了养蚌人的话跑到蚌里住，每日只能与黑暗潮湿相伴，这样做实在太不值得。

　　沙粒听了这些话以后并没有因此改变自己的初衷，依旧无怨无悔地跟着养蚌人去了，自此它安心呆在黑暗潮湿的蚌壳里面。

　　时间犹如白驹过隙，转眼便几年过去了，那颗沙粒每日在蚌里经受痛苦折磨。终于有一天养蚌人将它从蚌里拿出来了，它已经成为了一颗晶莹圆润、光彩夺目、价值连城的珍珠。每一个见到它的人都夸它漂亮，很多人愿意出高价钱购得它。

　　而那些曾经嘲笑它的沙粒，现如今却依旧只是一颗颗沙粒，有的还是躺在沙滩上，有的被海水带入海底，有的早就被风化成土，有的不知道被吹向何处了。

| 感悟 |

　　苦难就像一把刻刀，能经得住一刀刀的雕刻，才能成为故事中美丽的珍珠。既然苦难能够磨砺我们，能帮助我们成为理想中的人，那么我们就要学会忍耐，忍耐这苦难带来的一切。不要只知道抱怨生活的不

公，要知道只有吃得苦中苦，方能成为人上人。

外界环境经常会带给我们一些困难，而这些困难在很多时候都是在磨砺我们的身心，在遇到这些困难的时候，我们的心里一定要有一种执著的精神，无论面临什么，都要有勇气继续下去。

人生的境遇无外乎是顺境和逆境两种。无论是顺境还是逆境都只会是暂时的。而在逆境当中跌倒，能去努力学习钻研并且重新爬起来的人，往往可以创造奇迹。

 |忍耐的智慧|

宝剑锋从磨砺出，梅花香自苦寒来。不经历风雨，怎么能见彩虹。人只有在逆境中摸爬滚打，才能够茁壮成长，也只有磨砺了心身，才更有了探究世界真理的资本。

第二章

无所求，布施善因：上善若水任方圆

「上善若水，水善利万物而不争。」世界上最柔的东西便是水，但是水却能滴穿石头这样坚硬的东西。做人应该像水一样，去包容接纳他人，以善助人，以礼待人，不求任何回报，这才是大善。只有大善之人，才懂得水的智慧。

欲得善果，先种善因

佛法认为："欲得善果，先种善因。"人们无不渴望得到回报，可但凡想要回报，都必定需要先付出。想要生活得比别人好，你就要比别人多付出很多来创造；想要得到爱，你就要先给予别人爱。这就好像种树一样，你播下什么样的种子，自然收获的就是什么。凡有果，必有因。回报是果，付出是因。因果循环，是天道。

其实很容易看出，付出实际上就是一种回报。佛理有："积善因，得善报。"善有善报，恶有恶报，同样也是这个道理。很多人相信因果，也就明白因果循环是相辅相成的。无论是行为还是语言，都是因果规律的支配。前一个因，会变成后一个果，后面的果，又变成了下面的因，因果永远在循环。人要想得到幸福，自然就要种善因。

在一个小镇上，有个包子店的老板，他每天三四点就要起床蒸包子，而每天他都要留下30个，用来接济镇上孤寡的老人和贫穷的孩子。

有的时候生意很好，包子刚一出炉就被一抢而空，他见到别人吃得开心，自己也感到很快乐。但是无论生意怎样，他都会特意留下30个包子给那些老人和孩子。有人见此情形，便劝他卖掉那些留下的包子，这样还可以多赚些钱。可是不管旁人怎么劝说，卖包子的老板就是不出售那 30 个包子。

无论晴天还是雨天，无论刮风还是大雪，他都坚持为那些需要的人送包子上门。当他把热腾腾的包子送到老人和孩子手中的时候，看着他们感激的笑容，他自己黝黑的脸上也会有一丝羞涩，然后露出孩子般开心的笑容，那种幸福的感觉旁人是无法理解到的。

多年以后，包子店的老板已经老了，他再也送不动包子。有些老人已经离开了，孩子们也一个个长大了，可是他却积劳成疾，只得卧病在床。

这时候，那些他曾经帮助过的孩子听说了这件事，一个个回到了这里，送他去了医院，他的病得到了及时的救治，慢慢好了起来，那些孩子将他如同父亲一般对待，一直到他终老。

对于包子店的老板来说，付出也是一种幸福，当他把包子送到他们手中的时候，他看到别人因为自己的付出而快乐，自己也感受到幸福。而他所种的善因在他生病以后，得到了回报。

在生活中，每个人都渴望得到收获，因为收获能够带来一种难以言表的幸福感，但收获也是和付出成正比的，这也就是所谓的种善因，得善果。

勿以善小而不为，勿以恶小而为之。因为无论善恶的大小，只要被我们种下，他日必定会得到相应的回报。你给予别人善念，自然别人回报你的也是善念；如果你给予他人恶念，自然也只能得到恶报了。

楚庄王有一次大宴群臣，让自己所宠爱的姬嫔纷纷出席助兴。丝竹绕耳，轻舞罗衫，觥筹交错，众人皆乐在其中，酣畅淋漓，直到黄昏日暮也尚未尽兴。

楚庄王命人点起烛火，宴会继续进行，还特意叫自己最宠爱的妃子轮流向诸位大臣敬酒。忽然，一阵风吹灭了筵席上的所有烛火，这时一

位官员因为酒意正浓,就拉住了前来敬酒的美人的衣衫,两人拉扯间,美人扯断衣袖得以逃脱,忙乱间拔下了那鲁莽之人帽子上的缨珞。

正在侍者匆忙寻灯点火之际,美人摸索到了楚庄王面前告状,要求他点灯查找那鲁莽之人,好对此人进行惩处。楚庄王听到这里,却突然下令不要点灯,说:"寡人今日设宴于此,为的是与诸位大臣尽兴饮酒,现在请诸位拔掉帽子上的缨珞,以便能更加尽兴。"众人听到这里,于是纷纷拔下缨珞,等到烛火再次亮起时,众人皆无缨而饮,群臣在这样的环境下,喝得尽兴而归。

七年后,楚庄王讨伐郑国,一名战将主动要求带领先行队伍开路,这位战将所到之处,皆是大败敌军。战役结束后,楚庄王要论功行赏,找到那名战将要进行赏赐,却被拒绝了。问及原因,才知道这人正是那夜被美人拔下缨珞之人,今日之勇,是为报答七年前楚庄王宽容以待的恩情。

感悟

播种善因,收获善果。楚庄王很好地诠释了这点,他的宽容,在这位战将身上种下了善因,也正因为如此才会赢得了忠心。

人生道路崎岖悠长,我们难免会遇到坎坷不平,在奋进的时候,不要顾自前行,哪怕只是帮别人清除脚下一块石头,也是在种善因,而且很有可能也是在为自己铺平道路。

忍耐的智慧

春天播种,秋有收获。同样的道理,种下善因,也是不可能一瞬间就能收获善果的。要想获得善果,必须先种下善因。无论在什么时候,都要懂得种瓜得瓜、种豆得豆的道理,只有这样才会收获善果。

不求，反而会得

《法华经》里有这样的话："尔时摩诃迦叶欲重宣此义，而说偈言：我等今日，闻佛音教，欢喜踊跃，得未曾有。佛说声闻，当得作佛，无上宝聚，不求自得。"很多时候，求，不一定会得，不求反而能得到。可是很多人不明白这个道理，只是一味不停地求，就变成无底的欲望了。

人的追求就像无底洞一样：饥饿的想要求得食物，贫穷的想要求得钱财，低下的想要求得地位，丑陋的想要求得美丽，单身的渴望求得伴侣……

每个人都有所求，哪怕是三岁的孩子也会对玩具有渴望和追求，真正一无所求的人在如今这个社会几近绝迹。在这些所求里，有些是合理的，而有些在众人眼里看来却是奢求了。合理的追求是很多人都想拥有的，比如健康、平安、幸福、快乐等，想要这些并没有什么不好。

但是，总是有那么一些人有过分的奢求，不考虑自身是否有能力满足，也不考虑是否会给自身和他人带来痛苦。例如，本来已拥有幸福美满的家庭，还想要一个异性来体己；有房子还奢望别墅。这种虚妄的执著与奢求，就是构成痛苦最主要的成分。

人活着就需要现实一点，不去奢求不该得到的东西。没有人有法术，可以要什么有什么，能够呼风唤雨、心想事成。假如有心想事成的

人，那也只是运气而已，但是，人活着就不可能全靠运气过活，与其奢求，不如不求。

求，如果得当那就是一种需要，如果太过就是一种欲望了。如果求得太过，一旦愿望落空，就会带来无尽的痛苦。但一切不可能随心满足，很多时候即使是合理的需要，也不一定会得到满足。与其感受那种失望，不如不求来得好。

佛陀在世间游历宣扬佛法的时候，路过一个小国家，那里的国王富甲天下，甚至比一些大国家的国王还富有很多。这位国王欢喜造福，他坚信因果循环，相信自己的富有是因为前世积德深厚。有一天，他让官员发出通告说："七天之内，凡是过来有所求的人，无论哪个国家的，都一定有求必应。"发了通告以后，他叫人搬出很多的财宝，分成一小份一小份的，但凡有所求的人，都分上一份。

佛陀知道了这件事情，明白这个国王是行善积德，想要帮助他人。可是他这样的行为，并不如表面看起来那么无欲无求，实际上他还是有所求的，那便是求得来生的福。于是，佛陀化成一位乞丐来到国王面前。

国王见到乞丐进来，对他说："你有什么要求的，尽管说吧。"乞丐回答说："一直听说国王是个大善人，国内人民都十分爱戴您，我来只是因为太贫穷了，想要求取财物而已。"国王听了以后说："那边的财宝你拿一份便能满足你的需求了！"乞丐听到国王吩咐以后，于是拿起一份财宝转身就走，可是往前走了几步，就又返了回来。

国王问："怎么，还有什么吗？"乞丐说："本来我想有饭吃就足够了，可是有了这么多的财宝还没有一个住所，所以想要一间自己的房子。"国王听了觉得这也是情理之中的事情，就又给了乞丐一份。乞丐拿了以后走了没几步，又倒了回来。国王疑惑地再问："这次还有什么要的?"乞丐回答:"有了食物有了一间房子,可是想要娶妻这些钱还是不够呀!"

国王于是又给了乞丐一份财宝,可是乞丐又回头过来了。乞丐说:"有了房子和妻子,我大概算了一下,也还是不够,我还要生孩子,还需要请人伺候他们,还想装潢房子,所以不够用!"

国王看见这样贪得无厌的人,实在无可奈何,可是却也宽宏大量地说:"那你就再拿四份去吧!"乞丐抱着七份财宝走了不远,又倒了回来,并把东西也放回原处了。这时候国王显得有些愤怒了,喝道:"这些财物可以让你享受一生了,你到底还有什么需求?"乞丐叹道:"再怎么算始终都不够,钱财有数,而生活没有边际,我还是宁可这样清静过一生,没有负担也没有拖累。我喜欢我现在的生活,钱是无法购买的。"

国王听见乞丐这样说,反而觉得自己求得太过奢望了。

|感悟|

常言道:"命里有时终须有,命里无时莫强求。"乞丐的不求,得到的是他理想的生活状况。很多时候,顺其自然才是我们该坚持的生活状态。有些人追求名利财富不知自足,一味追求物质所得,却忽视了精神上的"得到"。人生在世,金钱名利都只不过是过眼云烟,总会消失殆尽。人应该学会不奢求,不因追求而受其累。

|忍耐的智慧|

若能一切随他去,便是世间自在人。一切顺其自然,也许会有意想不到的惊喜。佛法所说的八苦之一便有:"求不得,苦。"求而不得,也会成为憾事。

先度自己，再度他人

在《六祖坛经》里有过这样的描写：六祖慧能在受到五祖弘忍点拨开悟之后，准备离开湖北黄梅。弘忍大师送慧能去江边，当弘忍问慧能是要他来渡还是自己渡的时候，慧能说："迷时师度，悟时自度。"于是便自己划船离开了。

著名作家三毛曾经说过这样一句话："心之何如，有似万丈迷津，遥亘千里，其中并无舟子可以渡人，除了自渡，他人爱莫能助。"若想度人，先要自度。生、老、病、离、苦是每个人都要经历的过程，只有在这过程里度了自己，才能有度人的觉悟。

佛法认为："众生皆是佛。"其实每个人都有可能被称为佛——你行善积德，懂得助人，自然你就是佛，而别人也是如此。抱着这样的信念，人人皆可自度。自助者，天助也。人生在世，总会有或多或少的困境，靠着一颗自度的心，自己一定会安然度过。

和尚跟屠夫是毗邻而住的多年好友。每日清晨，和尚要起来做早课、诵经，而屠夫要起来杀猪维持生计。因为两人早起时间相差无几，所以为了能按时起来以免睡过时间，便约定互相叫对方起床。

就这样，两人一直遵守约定，一直到多年后和尚与屠夫相继离开人世。可是令人费解的是屠夫上了天堂，而和尚下了地狱。和尚百思不得其解，央求着阎王带他去见佛祖，想要弄清楚这件事情的原因。

佛祖见此情形，只是笑着问道："你当真不明所以？"和尚回答说："佛祖，我每日吃斋念佛认真修行，几十年从未间断过，而屠夫整日宰杀，杀孽甚重却能上天堂，我是当真不知为何了。"佛祖说道："你虽然天天自己念经修行，可是每天叫屠夫起来犯杀孽，而屠夫每日叫你起来，却是在叫你念经学佛向善。"

和尚听了以后，悔恨万分。

和尚虽懂先度己的道理，可是他却只一心度自己，从来没有想过要去度他人，连每日的好心也变成了纵容屠夫杀生，到头来连自己都没有办法度了。诚心礼佛的人，不愿入世度人，忽视了这样重要的事情，自然也就积不了功德。

这天，下着倾盆大雨，有一人在屋檐下躲着雨，想要赶快回去，却没有丝毫办法。这时候，远远地看见一个和尚撑着一把伞走了过来，他想有希望了，于是就向和尚喊道："大师，佛法不是讲求普度众生吗？你看这样的天气实在让人烦恼，不如大师度我一程如何？"和尚回答道："我撑伞行走在雨中，而施主你在屋檐下，我行走的道路中有雨，而檐下没有雨，施主所说的度又从何而来呢？"

那个人听和尚这样说，思考片刻后，立刻走出了屋檐，站在大雨中对和尚说道："大师，现在我也站在你所行走的大雨中，这样的话，你应该可以度我了吧？"和尚回答道："我还是不能度你！"那个人听后觉得和尚在戏弄他，于是非常生气地问："为什么？"和尚说道："虽然现在你我都在雨中，但是因为我带伞了所以不用淋雨，而你淋雨了是因为没有带伞。这样说来的话，我还是无法度你，是伞度了我，而并非是我度了自己，你如果要人度你，不必找我，请找伞吧！"

那个人听后，十分气愤，因为这一番话下来，他站在雨中已经被淋得浑身湿透了，而一直到最后和尚都没有度他。他喃喃自语道："你这个和尚真是会戏弄人，若是你不愿意度我就早说，让我到雨中淋雨又不愿度我，我看佛法也并没有那么伟大，说什么普度众生，而是专度自己！"和尚听了这番话后没有生气，反而心平气和地劝慰道："施主想要不淋雨，就必须要自己找伞。"

| 感悟 |

故事里的这个人，如果不是一味想要靠和尚带他离开屋檐，也不至于浑身淋个湿透。这样的天气，自己不知道带伞出来，还一心指望着别人带的伞能度自己一下，奢望着有人帮助自己；自己若不思考如何自度，反而抱着侥幸心理去寻求他人，结果可想而知。

求人不如求己，无论是佛理还是生活都应该是这样才对。人生在世都有着许多的追求，但很多人不愿意靠着自己的能力"自度"，反而是把希望寄托在别人身上，但凡这样的人，必定不会得到好运眷顾，也不会得到自身所求。

佛理有："己饮独居味，以及寂静味，喜饮于法味，离怖畏去恶。善哉见圣者，与彼同住乐。由不见愚人，彼即常欢乐。"无论是何种味道，是恐惧还是害怕，都需要自己去品尝，如果能从中挣脱心灵上的桎梏，那就一定能成就一个全新的自我，这每一次品味都是一次自度。

| 忍耐的智慧 |

一般而言，如果自己都没有度，就妄想去度别人是肯定靠不住的。自己没有一个标榜，就试图去度别人，保不定你会将他人度向何处，所以必须先度己，能清楚认识方向，才不会误导众生。

帮别人其实就是帮自己

当今社会人情淡薄,这并不是人情缺失导致的,而是人们在践踏着彼此的信任。很多时候我们都能看见或听见这样那样的报道,某人突发疾病倒在路边,因为没有人救助,导致抢救不及时,最终失去了生命。照理说,人心是柔软的,那么是什么原因导致了这些想要对于落难人群伸出援助之手的人们踟蹰不前了呢?在伸手的时候,很多人心里都在想着:"眼前这个需要帮助的人是不是骗子呢?他会不会利用我的好心而讹诈我呢?算了,还是不要多管闲事了。"

于是,大街小巷便真的很少有人再管闲事。但这种"各人自扫门前雪"的态度是不可取的,因为在很多时候,我们在帮助别人的同时,其实也是在帮助自己。在他人遇到困难的时候,我们施以援手,在以后的生活中,我们遇到困难,他们也会第一时间施以援手。

冷漠是可以化解的,信任危机也是可以解除的。《兼爱中》有这样一段话:"夫爱人者,人亦从而爱之;利人者,人亦从而利之;恶人者,人亦从而恶之;害人者,人亦从而害之。此何难之有焉?"意思是:爱别人的人,别人也会爱他;有利于别人的人,别人也会有利于他;憎恶别人的人,别人也会憎恶他;害别人的人,别人也会害他。这种兼爱有什么难实行的呢?

从墨子的兼爱主张中可以看出,他坚信着一切行为都是相互的,无论是关爱还是利益,无论是憎恶还是中伤,我们付出什么便会得到什么。同样的,我们若是去帮助别人,其实也就是在帮助自己,为自己以后的道路埋下好的伏笔。

有一个人夜半而归,在街道上遇见一位盲人提着灯笼在路上缓缓地行走。那人看到这样的情景觉得很奇怪:"盲人就连白天都看不见道路,那么晚上提着灯笼在路上行走,这不是多此一举吗?"出于好奇,那个人还是忍不住向盲人发问。

盲人听了以后笑了笑,回答说:"这个问题很多很多的人都问过我,他们不知道我为什么要这样做。其实道理很简单,我出门提着灯笼,因为我是盲人,所以肯定不是为自己照路的,我这样做只是让别人在漆黑的夜里容易看到我,不会因为天黑撞到我。况且,由于我打着灯笼,自然就把道路照亮了,也为别人提供了方便,假如遇到的人与我同方向行走,他们也会乐于搀扶着我,免得我被沟坎绊倒,使我不会遭受危险。我这样做可不是多此一举,而是既帮助了别人,也帮助了自己,这样一举两得的好事,何乐不为呢?所以,每到晚上出门,我总是会先提上一盏灯笼再出去。"

这个故事说明的道理虽然很简单,却很深刻——帮助别人其实就是帮助自己。

俗话常说:"一个篱笆三个桩,一个好汉三个帮。"一个人不可能什么都靠自己的力量去做,不需要别人一丝一毫的帮助。人活在这个世界上,就不可能脱离社会独自生存,只要还活着就会需要别人的帮助。帮助他人并不需要多么耗尽心力、惊天动地,也许只是一个简单的动作，一句温暖的话语，一个绝望时候的拥抱……这一切，都可能是别人所需要的帮助。

我们在帮助他人的同时，实际上也在帮助我们自己。不要计较太多，当我们把别人脚下的绊脚石搬开时，或许那块石头正好可以铺平了自己脚下的道路。

一只甲虫在外面埋头觅食，刚找到一大块食物准备回去，忽然刮起来了一阵强风，它从地上被卷了起来，然后掉进了小溪里面。可是它根本不会游泳，只得在水里拼命挣扎，在水中挣扎着大喊救命。在它快要放弃挣扎的时候，一只麻雀正好来到小溪边喝水，听到了甲虫微弱的呼救声。

麻雀停了下来，循着声音传来的方向望去，看见了在小溪中苦苦挣扎的甲虫。甲虫一见到麻雀，觉得有了希望，便开始拼命大喊："我掉在小溪里了，请来救救我吧！"麻雀见它快被淹死了，赶快从脚下叼起一片树叶丢到甲虫附近的溪水中。几乎要被淹死的甲虫拼命挣扎，用尽了全身的力气才爬上树叶，然后，树叶在缓缓流动的溪水中慢慢漂到小溪边，甲虫这才算是完全得救了。

甲虫爬到麻雀旁边，心存感激地对麻雀说："谢谢你救了我，今日救命之恩，以后一定会报答你的。"麻雀说了句"不用客气"以后就飞走了。

过了很长一段时间后，有一天甲虫正在觅食，无意中看见森林里有一个小男孩正在用弹弓瞄准树上的一只小麻雀，准备把它打落下来。它定睛一看，那只麻雀正是曾经救过自己的那一只。

麻雀丝毫没有觉察到危险正在靠近，还在树枝上惬意休息着。甲虫见此情况，迅速爬到男孩的脖子上，狠狠地咬了他一口。男孩被甲虫咬

得大叫,手里的弹弓也"嘭"的一声掉落在地上。这一下声响惊动了树枝上的麻雀,它看见男孩以后立刻飞走了。

感悟

爱默生说:"人生最美丽的补偿之一,就是人们真诚地帮助别人之后,同时也帮助了自己。"这确实是很美丽的补偿,既得到了他人的感激,又收获了别人的帮助。

每个人都不是独立生存的个体,只要生存着就一定都会遇到困难或是自己解决不了问题,在这个时候,我们就需要他人给予及时的帮助,或是一些言语解惑。如果这时候我们能得到帮助,往往我们会一直心存感激,发自内心地感谢那些给予帮助的人们,会希望日后也有回报他们的机会。而同样,我们给予他人帮助的话,别人也会这样想的。所以,帮别人也就是帮自己。

忍耐的智慧

帮助他人就是帮助自己,每个人若都能够对他人伸出援手,这个世界将变得和谐美好。

幸福来自于礼爱他人

孔子对礼仪有过论述,他认为:"君子敬而无失,与人恭而有礼,四海之内皆兄弟也。"作为一个人来说,要懂得敬业不犯过失,对人恭敬有礼,那么四海之内,兄弟遍布天下。

人只要是品格质朴,就会懂得如何去礼爱他人,以宽容待人,以诚信对事,以礼貌对人,以厚德载物。中国素有"礼仪之邦"的美誉,无论是对国内的民众,还是与他国的邦交,都是以礼待人,这向来是我们国家的传统美德。礼仪美德,从古至今都是提倡的,有关礼爱他人的书籍更是不胜枚举。

清朝康熙年间的秀才李毓秀写的《弟子规》里有一句话:"为人子,方少时,亲师友,习礼仪。"这句话更是说出了礼仪在教育中的重要性。用爱去礼貌对人,也就会有幸福降临。

很多年以前的美洲,当时正值黑色的年代,空气中弥散着让人窒息的火药气息,当时的种族没有平等,只有歧视。

一个寒风刺骨的早晨,在某个小镇的郊区,一群皮肤黑得发亮的人瑟瑟发抖地站在寒风里。他们是很贫穷的人,在这里只是为了等班车。然而,并不是班车没有到来,从他们出现到现在,已经过去三个多小时

了，其间从他们面前驶过去了好几辆巴士，可是一辆也没有停下来的意思。他们已经很冷了，身体被冻得毫无知觉一般，人群中时不时还传出孩子啼哭的声音。

等车的人眼睛都朝一个固定的方向望去，巴士驶过也引不起他们的注意，他们都在用十分热切的眼神向那个方向眺望。一直这样，又看了一个多小时，终于，最前排的人出现了骚动。后面的人都迫不及待往前看去，只见他们所看的方向出现了一个女人的身影——那是一个皮肤白皙，漂亮大方的女孩。所有人都发出了欢呼声，更有熟识者上去拥抱她。

在这个偏僻的小镇，巴士并不如繁华大都市那样多，这里的巴士每过一小时才会来一辆。因为种族歧视，这些司机十分有默契，没有白人等车时绝对不会为黑人停车。但是这附近住的都是一些家庭比较贫困的黑人，他们想要坐车更是难上加难，即便他们在寒风中等了好几个小时，也无法坐上巴士。

也正因为如此，巴士几乎都不会在这里停车。那个白人女孩住的地方离这里很远，可是为了让这里的黑人能坐上巴士，她每天都步行从家里走到这里，无论是刮风还是下雨都是如此。

女孩和这些等车的人们说笑着，黑人们这时候似乎都忘记了寒冷，每个人都洋溢着快乐的微笑。终于，一辆巴士停在他们面前。女孩被他们簇拥着上了车。在一片欢声笑语中，巴士开走了。

在女孩看来，每个人无论肤色如何，都是应该平等的，从来到这个世界那天，就没有种族的分别，应该要懂得相互关爱，摒弃心中的仇恨和歧视，所有人都平等相处。正因为心中有爱，女孩才能日复一日坚持做这样的事情。凭着心中这份珍贵的爱，女孩成为寒冬中的一轮太阳，用自己的阳光温暖了世界，也得到了人们对她的关怀和尊重。

|感悟|

如果是每个人都愿意以礼爱对待他人，就不会有那么多不好的事情发生。人与人之间充满礼爱，就像是春天的原野，处处开满花朵，让看的人愉悦，而播种的人也感觉到幸福。

|忍耐的智慧|

心中有爱，才会以纯净的心里去看待世界。以爱待人，以礼为规，才会得到幸福，才会感受到另一个美好的天地。

善行，会令人心生敬意

儒家说："仁者爱人。"佛家说："断恶修善乃佛门最基本的修炼法门。"道家说："上善若水，水善利万物而不争，处众人之所恶。"三家殊途同归，皆推崇仁善，说明这善乃为人立世之本。

如有万贯家财，不舍一钱施行善举，那么他的内心是穷困潦倒的，且会遭众人摒弃。但如果是一贫如洗也愿去帮助别人，那么他也是富有的，因为他得到了众人的赞颂。善行并非局限于金钱或是物品，还有善言，宽慰的话语或是赞美的言辞，鼓励的眼神或者一个简单的拥抱。怀抱着善，自然言行无不有善的存在。善行不论大小，而是看是否出自真心实意。

孔子说："君子居其室，出其言善，千里之外应之，况其迩者乎；出其言不善，千里之外违之，况其迩者乎。"君子善行，皆应该以善为本，善言乃君子之行的根本。无论是善言还是善行，都应该出于善的目的，不因图名图利而行善。

有个老禅师为了得到更清净的修行环境，在寺外的水潭边上寻得一块平坦的大岩石用以打坐，在这青山净水间，他的内心也充满了宁静。

一天，老禅师又像往常一样来到了水潭边。在他盘起双腿调整好坐姿的一刹那，突然瞥见一个小小的昆虫在前面的潭水里无助地挣扎。见状，老禅师撑起老迈的身体，颤颤巍巍地站起来走到潭边，把那个小小的昆虫从水中捞起，送到了安全的地方。

从此之后，每当看到在潭中有挣扎的小昆虫，老禅师就会一次次地往返于岩石和潭水之间，将它们救出。老禅师有许多师兄弟，他们也经常会到那个水潭附近，在峡谷和山洞内独自打坐。时间久了，他们渐渐发现老禅师几乎从来没有安静地坐着，他把打坐的时间大部分都花在了救水潭中的小昆虫这件事情上了。

老禅师的师兄弟们虽然认为对昆虫施以援手是应该的，可是他们还是觉得老禅师将时间浪费在这件事情上，根本无法安心修行参悟佛理。他们想劝禅师离开这里到别处去修行，于是这天夜里他们相约来到老禅师的禅房内进行劝说。

老禅师的师兄首先说道："师弟啊，你如今这样实在是浪费时间，与其继续下去，不如另觅一处清净之地打坐吧！这样对你的修行来说也是甚好的。"一位师弟说："是啊，这样您就有更多的时间去领悟佛法，也好为众生解惑啊。"另一位师弟说道："如果您不愿意走，那么只有整日在那水潭边上浪费时间！佛法得不到精进，也辜负了师父对你寄予的厚望。"

禅师听着众人的劝慰，一直微笑着没有发表任何意见。待到众人发表完意见以后，禅师感激地对大家说道："诸位师兄弟，我十分感谢你们的好意，也许正如你们所说，换个环境能让我的内心得到平静，佛法修为一定能得到提升，这样的话是很值得让人开心的。但是，出家人慈悲为怀，岂可见死不救？昆虫虽小，但也是一条鲜活的生命，任由它们溺死在眼前而不管不顾，那么也有损佛家义理，即便是吟诵再多的《摩诃般若波罗蜜多心经》，也无法面对内心的罪恶感。"

众位师兄弟听到老禅师的回答,全都哑口无言了。

感悟

老禅师的善行虽然在旁人眼中看来微不足道,但是这样的善行却胜过最大的善念。他不像其他师兄弟那般空有悲天悯人的心,却不愿付之于实际行动,只将想法存在于心念中。在现实生活中,也不缺像那帮师兄弟一样的人,他们空有想法,但却缺少把善念变作善行。一个人拥有善念那仅仅是刚开始,若是想要让人对你心生敬意,还得拥有善行才行。

有位禅师说过:"善行不分大小,只要积极主动地去做了,那就是莫大的功德。"无论是给老人让座,还是帮忙拾取东西,或是滑倒时的帮扶,这所有的行为都是善行。这些善行都会带给别人一些温暖,而同时自己内心也会有幸福感的。

如果我们经常施以善行的话,那么将会发现身边美好的事情其实是有很多的,并且都是那些被常人忽视的地方。正是这点点滴滴的善行,才构造了一个美好的世界。我们不要小看这一点点善行,正是这些微不足道的善,构筑了一个须弥世界。

忍耐的智慧

善行可以净化生命,为人们带来快乐。善行并无大小之分,也没有轻重之别,更不需要物质作为基础,只要我们时常怀着一颗善心去做事,自然处处皆是善行。

施予不存回报心，才能快乐

《菜根谭》里面有这样一段话："施恩者，内不见己，外不见人，则斗粟可当万钟之报；利物者，计己之施，责人之报，虽百镒难成一文之功。"意思是：一个施予别人恩惠的人，对内不要时常把这样的恩惠记在心里，对外不要张扬，能这样做的话，哪怕是施舍一斗粟的恩惠，也与万钟粟的功德无异了；一个用财物去帮助别人的人，算计着自己的付出，总是想着要人家回报，这样即使付出百镒钱财，也得不到一点功德。

有这样一些人是很常见的：他们出于某种目的去帮助了别人我们不得而知，但是帮助之后他们就会四处显摆，觉得是有恩于人，一种优越感在他们身上油然而生，并且一旦他们遇到了事情之后，总是会以过去自己对他人的帮助为借口，希望获取别人的回报。

这些人的目的我们是无法得知了，但是可以肯定的是这样的人帮助别人并非出于纯粹慈悲之心，而是在利用回报为自己做以防万一的打算。这种施恩图报是不可取的，本来受施者是心存感激的，这样一来，反而会心生厌恶。

从前，有一个方圆百里内都很有名的得道禅师，许多人慕名前来寺

庙听他讲经说法。每次只要是这位禅师讲经,佛堂内肯定被挤得水泄不通。这样持续一段时间后,有信徒就提议说募捐银两建一座宽敞的佛堂,这一提议得到认可后,广大信徒纷纷响应。

其中有一位信徒,家境十分富裕,也是数一数二的富贵人家。有一天他让下人用袋子装了五十两黄金,自己背着送到寺院,找到禅师后,将金子递给他,说明这笔金子是要用来捐助建佛堂用的。

禅师听完后收下了,什么也没说就去忙别的事了。信徒见到禅师这样的态度以后是相当不满,心想五十两黄金对于寺庙来说也是很大一笔数目了,如果换了是普通人家,就足够他们发家致富的了,禅师拿到这笔巨款,丝毫谢意也没有,这钱可是够盖半座佛堂的了。那位信徒心有不甘,于是就一直跟在禅师的后面不停地提醒道:"大师!我刚才说的你听到了没有?我那袋子里装的可是五十两黄金,是黄金啊!"禅师见到他这样,于是应道:"你刚才已经说过一次,我听得很清楚,也知道是五十两黄金。"

禅师说完又继续往前走,信徒听到禅师这样说以后,反而声音更大了,说道:"大师,我今天捐了这么多,是帮了很大的忙啊!难道你连一个'谢'字都没有吗?"禅师这时候刚好走到正殿的佛像面前,于是停下对那信徒说:"你捐钱给佛祖,是布施,为什么要我来道谢?你是在建你自己的功德,得到的福报也是属于你的。如果你觉得这是买卖的话,我就大不敬代替佛祖说声'谢谢',请好好保管这句'谢谢',因为它值五十两黄金,但自此以后,你和佛祖互不相欠了。"

施予不求取回报,有时候反而会得到一些意想不到的回报,而且在这过程中还会收获快乐。有很多人在如今这个"乱花渐欲迷人眼"的世界里迷失自我,总是希望自己的付出就可以得到回报,做人做事都是以功利来衡量，而忘了最初的自我。

帮助他人就该本着一颗真诚的心，不要只是为了索取而去给他人以帮助。真诚地帮助他人，本着不求回报的心，才会在这样的行为里找寻到快乐，否则只会自寻苦恼。乐于助人，不求任何回报的人才会得到幸福。

在一个天气十分恶劣的夜晚，风雨交加，电闪雷鸣，一位年轻人因为身体不适，倒在了荒无人烟的郊外。正好这个时候，有一对夫妻驾着马车从这里经过，他们发现了年轻人，于是救了他，并把他带到了小镇上医治。

当年轻人要离开的时候，拿出身上的钱想要对这对夫妻表示感谢，那位丈夫却说："我们帮助你不需要你来回报我们什么，但是我只有一个要求：如果你遇到别人有困难的时候，你必须要尽力帮助他人，并且不求任何回报。"

于是，年轻人带着这句话离开了。在后来的日子里，年轻人每当遇到需要帮助的人，都会主动去帮助，在帮助他人的同时，都会将那位丈夫的话转述给被他帮助的人，让其他需要帮助的人能够及时得到帮助。

就这样一直过了很多年，这位年轻人意外掉入海水中，被海水冲到了一个孤岛上，等待了一段时间后，一艘船从那经过救了他。当他要感谢船主的时候，船主却说出了自己经常说起的话："我不需要什么回报，只有一个简单的要求……"年轻人这才发现，原来，他对别人施予帮助不求回报的同时，是在帮助别人，也是在帮助自己。

这就是不求回报的美好之处——既得到了别人的感激，又为自己得

到了回报。帮助别人的同时，自己也会得到快乐。助人为快乐之本，这耳熟能详的话才是真理。不求回报的帮助，得到的回报不可思量。

 忍耐的智慧

古语有云："助人者人自助。"请相信，付出定能有收获，不要吝啬我们的力量。帮助别人，不仅可以体现高尚的思想品格，升华我们的灵魂，有时候还会带给我们意想不到的回报。

第四章

勿贪婪，欲望如茧：
凤凰涅槃需净心

人生几多苦痛，全由欲望带来。欲望使人沉迷其中，失去本心。古语说：「人为财死，鸟为食亡。」欲望只会招来无穷的灾难，只有抛开欲望，不要贪婪无度，才能在人生的道路上，如浴火的凤凰一般涅槃重生。

勿沉溺于物欲，失去本心

佛法说："有求皆苦。"但凡对生活有所求的人，一定会有或多或少的痛苦。我们都是普通人，无法做到"无求自安"，但是起码不要过多沉溺在物欲之中，迷失了本心。

在世间的所有钱物都是人自己为自己创造的，但是人并不是为了钱物才活着的。古人云："君子役物，小人役于物。"一字之差就是君子与小人根本上的区别了，为了物欲沦落为小人，才是被人不耻的。因此千万不可沉溺于钱物，失去了自己的本心，沦落成为钱物驱使的奴隶。

在现实社会当中，有太多东西牵绊着人们，金钱、权力……有太多的人被这些俗物所困，最终沉溺在物欲的诱惑之中。洪应明在《菜根谭》里说："人生一傀儡，自信便超然。"人生在世，如果被物欲左右，就好像是木偶一样，只能靠着物欲这些线来活动，丧失了自己的本心。

明朝王守仁写的《传习录》里有这样的话："只是物欲蔽了，须格去物欲。"那些总是感叹自己命运多舛，埋怨上天不公的人，大多是物欲太重的人。他们正是因为对物质有太多的追求和渴望，才会被物质所累，觉得自己诸多不顺。

有一个花农，他为人老实本分，从不偷奸耍滑，每天勤勤恳恳地在土地上种着花朵，虽然很忙碌，但是因为自给自足，生活得倒也安稳自在。他每天日出而作，日落而息，享受着自己种出鲜花的芬芳。

但是有一天，花农做的一个梦却打破了这样的平静。在梦境当中，他和平时一样在自己的土地上种着花，谁知道翻地的时候却挖出了一个盒子，盒子里面放了个相当精致的瓷瓶。那只瓷瓶在阳光的照射下，呈现出多种颜色，让周围的花都黯然失色。他很惊讶于这个瓷瓶竟然有如此美丽的外表，就像是九天瑶池才应该有的东西。

花农醒来以后并没有过多在意，毕竟只是做的一个梦而已，就将此事抛之脑后了，然后和平时一样去到花田之中劳作。在播种之间，他似乎觉得这个场景有些许熟悉，但是想法也只是一闪而过，思想没有多做停留。不一会工夫，他从泥土中挖出来一个盒子，竟然就是梦境中的那一个，这时候他才在意起来。他用颤抖的手打开了盒子，里面真的就是梦见的那个美得不似人间物的瓷瓶。

花农兴高采烈地把瓷瓶拿到集市上去卖掉了，提着两大袋的金子回来。花农的家人看见了以后显得相当高兴，每个人都雀跃不已。但是这时候花农却闷闷不乐，于是家人便开口询问。花农回答道："就两袋金子有什么好高兴的？"

家人对他说的话十分不解，于是便问道："一袋金子足够我们一大家子生活两年，这些金子起码让我们四年内都衣食无忧啊，你还有什么不高兴的？"

花农听了家人的话，显得有点气愤，说道："如果这个瓷瓶的开口处没有裂痕的话，我们这一辈子都衣食无忧了，你说可气不可气？那时候做梦看到的瓷瓶明明是完整的。可是为什么挖出来以后就有裂痕了呢？这实在太让我气愤了。"

|感悟|

花农本身就不是富裕的人,他过着自给自足的日子,本没有过多的物欲渴求,然而,正是因为这个梦境成真而得到的瓷瓶,完全改变了花农,让他变得抱怨、不满……

其实,花农在面对这天外横财的时候,完全可以保持一份平常心,不为物欲所累,尽情享受这飞来的快乐。但是他并没有如此,只是纠结在金子的数量上,被自己不断增长的物欲控制着,失去了原本平淡生活的快乐。

有些人就好像这个花农一样,利欲熏心,终日只知道追求物质的满足。不可否认的是,物质是人生活的根本,没有了物质,生活也将无法继续,然而在谋求物质的过程中,要把握好一个度,千万不要被物欲蒙蔽了内心。

抛开那些过多的欲望,欲望过多也不见得就会幸福。保留下维持我们生活继续的欲望,也就不会失去快乐失去幸福了。简单生活有时候反而是成熟的表现,能把一切化繁为简才是聪明之人的做法。减少并不意味着退步,而是懂得以一分淡然的心态继续生活。

人们欲望就像是一个无底洞,在欲望得到满足以后,又会产生新的欲望,就像是一条没有尽头的锁链,一环扣着一环,最后全部挂在自己的身上,牢牢束缚着自己的自由。

如果一个人只知道一味沉溺于物欲中,不能自拔,他失去的不仅仅是快乐,还有自己的心。而相反的,如果一个人不沉溺于物欲,知道适可而止,能珍惜自己所拥有的一切,那么自然就会得到快乐幸福。

忍耐的智慧

　　人生是一个缤纷多彩的世界,生命不长也不短,何必自寻烦恼,沉溺于物欲之中。从物欲的世界中走出来,才能拥有清晰的眼眸,才能发现曾经忽略的美好。

无欲则刚，人生可通达

林则徐到广州禁鸦片的时候，在厅堂之上题对联："海纳百川，有容乃大；壁立千仞，无欲则刚。"表达的意思是：做人要像大海一样广阔，能容一切能容之事；没有过分的欲望，才能像悬崖峭壁一样直立千丈。

佛家认为："一切现象根植于欲。"世间一切的事物，我们的思想、言行，都是在欲望的包含之中。而转世轮回，更是体现了我们再生的欲望。无论是主观还是客观，欲望总是在不经意间滋长开来。欲望是人生活的基本动力，没有欲望的推动，生活就难以维持，佛陀所用的"一切"也是这个意思。

人生来就有七情六欲，所以有欲望是人之常情的，但欲望太多，不在此处迷失，就一定会沦陷在他处。一个人应该要懂得节制自己的欲望，不要一味放纵，要知道适可而止，才不会被私欲左右了自己的人生。智者懂得无欲则刚的道理，所以才知道享受简单是福、平淡是真的生活，才能在知足之中得到长乐。

古人留给了我们许多宝贵的至理名言，就像是一笔笔可贵的财富一样。春秋战国时期的著名思想家韩非子说过："人有欲，则计会乱，计会乱而有欲甚，有欲甚而邪心胜，邪心胜则事经绝，事经绝则祸乱生。"北宋杰出的史学家、文学家司马光说："君子多欲则贪慕富贵，枉道速祸；小人多欲则多求枉用，败身丧家。"思想家孟子曾说过："养身莫善于寡欲。"南宋诗人陆游写过："人若不知足，贪欲浩无穷。"

关于欲望的名言警句不胜枚举，大多都是劝诫人们不要对欲望有过多追求，时刻保持道德底线，不被外界所诱惑，不被欲望左右。从少欲、寡欲、节欲开始，逐渐达到"无欲则刚"的境界。

一位富家子弟因为家境殷实，吃穿不愁，所以一直不理解欲望为何物，听闻山中寺庙中的住持博古通今，是有大智慧的人，于是便前往拜访，希望住持能够一解他心中困扰多日的疑惑。

富家子弟见到住持以后，毕恭毕敬地问道："住持，您能告诉我人的欲望到底是什么吗？"住持看了一眼富家子弟，说道："你先回去吧，到明天午时再过来，不要吃饭，也不要喝水，一定要切记。"

富家子弟摸不着头脑，即便是很迷茫，但还是照办了。

第二天，午时刚到，他便再次来到寺庙之中找到住持。住持见到他问道："你现在是不是十分饥渴难耐？"富家子弟摸了摸自己被饿得扁扁的肚子，回答道："是的，要是有很多东西的话，我现在可以全部吃下去，然后再喝一大坛美酒。"住持听到后笑了笑说："现在你跟着我走吧。"

两人走了很久才走到一个集市里，住持递给富家子弟一个很大的篮子，说："现在你可以去购买所有你想吃的食物，但前提就是必须把它们带回寺庙里才能吃。"说完以后住持就回去了。

两三个时辰过后，富家子弟提了满满一篮子东西回来，脚步都显得有些不稳了。他走到住持面前，放下了篮子。住持见状说："现在你可以吃了。"富家子弟听到以后，迫不及待地伸手从篮子里拿出来两个包

子,大口大口地吃了起来。很快,他手中的两个包子就被消灭了。富家子弟本来还想拿其他东西吃,这时候才觉得自己已经吃得很饱了。

"你现在还觉得饥渴吗?"住持问道。他回答说:"我已经很饱了,再也吃不下了。"住持指着篮子里几乎没怎么动的食物问道:"那么这些你历经千辛万苦从那么远的集市中提回来的食物,对于你来说还有什么用?"富家子弟顿时恍然大悟。

感悟

其实对于每个人来说,欲望就是这满满一篮子的食物,我们真正需要的仅仅是几个可以果腹的包子而已。欲望再多,拥有再多,我们需要的也不过就是一日三餐、衣食住行的开销而已,不要给自己平白添加那么多的负担,既不需要,也累了自己。

在这个诱惑就像是家常便饭的世界,欲望随时都会被催生。要想真正做到无欲则刚的确是很难的。但若能保持一颗静如止水的心,自然就能抑制欲望的生长。也只有静如止水的心在浮华褪去之后,才能感受到生命中被忽略的感动,才能看到生命的意义。

忍耐的智慧

佛家言:"有生皆苦。"而这苦便在于"求不得"。有求便生欲,欲过大则伤人害己。因此,人生之路若想畅通无阻,必须要节制欲望。

享受寂寞，修炼德行

在现今的生活中，人们总是被名利、物质、欲望包围淹没，以致迷失自我。很多时候，人都渴望拥有一片净土，能够远离尘世的喧嚣和繁杂，让自己的心归于平静，不被任何外界因素影响。这时候自己反而会觉得十分踏实，因为这种"独处寂寞"，才能让自己能沉寂下来，找回迷失的自己。

寂寞不是病态，而是一种境界。寂寞没有想象中可怕，也不是人们所说的低贱，真正能够正视寂寞，并且能够享受寂寞的人，才能体会个中美妙。寂寞的评判标准不是看他是否孤身一人，而是看他在面对寂寞的时候，是否会迷失自我。

享受寂寞的人非常理性，在理性之中感受自己内心深处的声音，以客观的思维对周围的事物进行分析理解。这里的寂寞不是空虚，而是在独处当中让自己心胸变得宽广。能这样做的人，无论他是身处于顺境还是逆境，都能修炼自己的德行操守，从而享受人生的美好。

在身处寂寞的时候，人的内心容易平静，灵魂能够得到净化。这时候的你，无论面临的是名利得失还是挫折痛苦，都能够冷静对待，并且不断在其中历练自己的心志，宠辱不惊，笑对人生。

东晋末年南宋初期，号"五柳先生"的陶渊明经历了一番官场游历，从江州祭酒，到镇军参军，一直到最后做了八十多天的彭泽县令，因不肯为五斗米向乡里小人折腰，毅然辞官归耕田园。后来朝代更替，有人劝说他出仕宋王朝为官，但他宁愿贫困交加、患病在身也不愿再涉官场。

陶渊明归隐田园之后过起了躬耕自给的生活，在寂寞当中追求心灵的宁静与淡泊。因为他所居住的门前栽种有五棵柳树，所以被众人称为"五柳先生"。

陶渊明的夫人翟氏，义无反顾地跟随着他，过着这种安贫乐道的生活，两人自此以后过着"夫耕于前，妻锄于后"，共同劳动以维持生活的日子。陶渊明素来爱菊，于是和夫人一起在自家的宅边种满了菊花，也正因为如此才写下了脍炙人口的诗句："采菊东篱下，悠然见南山"。

闲暇时期，朋友来他家做客，无论家里条件好坏，只要有酒他就一定拿出来招待朋友。因为他本身嗜酒，总是会比朋友先醉，于是对朋友说："我醉欲眠卿可去。"在他自己所写的《五柳先生传》中也有这样的描述："造饮辄尽，期在必醉；既醉而退，曾不吝情去留。"

正是因为陶渊明能享受常人所不能享受的寂寞，所以才会在这些别人都瞧不上眼的乡间生活中，描绘出优美、宁静的感觉，也成为后人称道的田园诗人鼻祖。

| 感悟 |

人只有享受寂寞，才能更懂得自己的真实心灵，坦然面对自己的不足，并对此作出弥补，也才能找回迷失的自己。享受寂寞，才能享受真正的生活。

忍耐的智慧

名利让人浮躁，懂得享受寂寞，在寂寞中将自己升华。寂寞，也是一味处世良药。

不求虚名，不增负累

在现如今这个社会中，各种出名的方式层出不穷，而出名之后带来的，并非只有好处。如一些人因为出了名，就觉得时时刻刻都应该是别人的榜样，做好表率工作，无论在什么时候都用"名人"这块石头压抑着自己，即所谓的"名"成了一种负累。

又如，很多人在有了名之后，沾沾自喜，就不再进取，时间久了也就成了虚名。

著名的作家钱钟书先生从来不接受任何媒体的采访。有一次一位外国记者到中国拜访他，被钱钟书先生拒绝了，先生是这样说的："你知道有只鸡蛋好吃就行了，何必非要见一见那只下蛋的鸡呢？"他对于虚名的态度是我们应该学习的。

在古时候，有一个很穷困的人，这个人没什么太大的本事，周遭的人见他这样贫穷，多少也有点看不起他。于是，他只能整日靠做一些零散的活儿来维持生计，有时候接不到活儿，就只能靠一些稀得几乎看不见米粒的粥来果腹。有时候邻居可怜他，会接济他一下。尽管这样，他还是努力生活着。

日子就这样一天天过去，他的生活并没有太大的变化，就算运气好的时候，赚得的钱也只能吃上一顿饱饭。后来，一件事情的发生改变了他原本的生活轨迹。

有一天，他一如既往地出去等待工作机会，意外地在路上救了一个女子。按照女子描述的位置，他将她送了回去，到了她家门口才发现，这个女子原来是城里官宦人家的女儿。那家人不仅给了他一大笔钱作为答谢，还聘请他到府里工作。

府里的所有人都知道他是小姐的救命恩人，于是都礼遇相待，处处夸赞他。也正因为如此，他变得沾沾自喜，目中无人，整日用救命恩人的头衔在府里嚣张。

很快，所有人都远离他。除了经济条件和以前相比要好得多以外，他的境况还是和他穷的时候一样。

终于，有一天因为一个厨子不愿意将主人的食物给他，他对厨子大打出手，主人大为恼火，将他赶了出去，他又回到以前那种贫穷孤独的生活。

感悟

在这个故事当中，因为救命出名，一味沉溺在虚名带来的好处当中，变得嚣张，最后伤人害己。虚名让他放弃了原本努力生活的势头，并在享受中变得不思进取。中国古代有一个耳熟能详的故事名字叫《伤仲永》，说的也是被虚名所误的例子。

忍耐的智慧

名声并不是生活的全部，而将虚名当作生活全部的人，只会沦落为名声的奴隶。虚名让人失去了生活中最简单的惬意，也失去了向前的动力。我们应该以一种"平常心"看待名声，这样才不会为虚名所累。

口袋是穷，志气不穷

在《中华圣贤经》里有这样一句话："虎瘦雄心在，人穷志不短。"一个人的家庭背景以及相貌都是与生俱来的，个人无法选择，这所有的一切都是客观事实，在我们从这个世界睁开双眼的时候就已经存在。

但是上天并不无情，它至少给了每个人其他选择的权利，我们可以选择今后的道路，可以选择以怎样的姿态去面对生活，可以选择做一个什么样的人。无论是穷人也好，富人也罢，我们都与其他人共同享有这个世界上最美好的东西，比如蓝天、白云、阳光和空气。

先天的条件无法改变，后天的努力就成为决定因素。在有了民事行为能力以后，不断地积累自身的实力，也能创造出好的条件，所以不要一味去埋怨上天的不公。

贫穷并不可怕，可怕的是人穷志也穷，身处贫穷这样激励人的环境之中，还不思进取，只知道徒增羡慕之情，那将永无出头之日。经济上的贫穷并不能够成为前进路途上的阻碍，心灵的贫穷才是真正的贫穷。

自然界的万物并非恒久不变的，现在的一切不代表就永远都将如此。很多时候我们会走向怎样的人生，都是自己造成的——穷人通过艰苦奋斗、努力钻研，也能成为家境殷实的人；而富人若是玩物丧志，则很有可能一落万丈。

人的一生面临许多的选择，而最重要的选择便是要走的道路。你是成功还是失败，关键在于自己选择去走怎样的道路。人的意志力和信念是在道路上起决定性的因素。无论是衣不蔽体还是食不果腹，只要我们坚信自己能坚强面对，努力创造一切，一定会为自己赢得一个美好的未来。

中学课本里有《乐羊子妻》的文章，讲述的是乐羊子无意之中在路上捡到了别人丢失的金子，于是拿了回家将金子给了自己的妻子，谁知道他的妻子竟然说了这样一段话："志士不饮盗泉之水，廉士不食嗟来之食，况拾遗金乎？"乐羊子听了妻子说的话以后十分惭愧，就把金子丢弃在野外，然后远走拜师求学去了。乐羊子妻的高尚品德被世人广为传诵，将故事引进到如今的现实生活中依旧是很有教育意义的，它告诉人们无论生活是贫是富，一个人只有具备了高尚的品德才最重要。

在春秋战国时期，各国战争纷起，导致民不聊生。时逢大旱，齐国国界之内一连好几个月都没有雨水降下，往日用来种植的田地全部干裂开来，没有一颗庄稼存活，穷人没有食物果腹，只能挖野菜，后来野菜也被吃光了，就连树根草根都被人们挖来食用了。

可是，形成鲜明对比的是富人家里的粮仓都装不下了，甚至出现粮食发霉的情况。天灾人祸对于富人来说，并没有丝毫影响，他们和往常一样吃香的喝辣的，歌舞升平。

当时齐国有一个贵族名叫黔敖，他并没有悲天悯人之心，只是因为粮仓太满，便拿出点粮食来救济灾民。他摆出一副高高在上的样子，命人把做好的饭菜放在路边，施舍给过往的灾民们。每当他看见一个灾民，黔敖便对着灾民大呼："喂，这有饭菜，过来吃。"

这时，有一个十分饥饿的灾民走了过来。这人用衣袖掩面，拖着鞋

子行走,没有一点力气的样子,一摇一晃地朝黔敖走了过来。黔敖看见这个灾民,便一手端着饭菜,一手端着汤,对着他喊道:"喂,过来吃!"

那饥民缓缓地抬起头来,瞪大双眼看着黔敖说:"我就是不愿意吃这样带有侮辱性的食物,才会饿成今天这样!"

感悟

出身是上天注定的,我们无法选择,但是我们可以选择未来。即使身处贫穷之中也无需怨天怨命,更不要因为贫穷就自卑。身处贫穷,更该有着比常人更加努力的决心,贫穷也会成为拼搏的动力,只要我们意志坚定,脚踏实地,不断积累,就一定可以创造出美好的明天!

贫穷不可怕,也无需自卑,可怕的是内心的贫穷。

没有人会喜欢贫穷,当身处贫穷之时,能够从贫穷中挖掘到自身珍贵的宝藏,才是聪明的做法。能够在贫困之中学会生存之道,也就有了克服所有逆境的力量。

忍耐的智慧

贫穷困苦未必不是财富,但一定要坚信用自己的辛勤劳动能够换来美好的未来。在贫穷之中锤炼自己的坚强品质,在贫穷之中学会珍惜,在贫穷之中奋发努力,这才是身处贫穷时的明智之选。穷不可怕,但是志一定不能穷!

得失随缘，心如止水

佛理认为："来去随缘，去留无意。得失随缘，随遇而安。心能随缘，境由心生。无分无执，故得自在。"越是强求，越是有可能无法得到，哪怕是得到了，也会失去一些东西。在面对得失的时候，要有得失随缘的、笑看人生的平静淡然的心态。

人这一生，就如同花开一般，有生根有发芽，有绽放有凋谢。而无论是哪个阶段，每个人生命所经历的都是一道独一无二的风景。

徐志摩说过一句话："得之，我幸；不得，我命。"这句话看起来略带伤感之情，但也是有一定的道理，与其为了有所得而拼命追寻、不断强求，不如抱着得失随缘的心态去面对一切。

不用去羡慕他人，用眼睛去发现自身的美好，对于得失要有随缘的心态，这样才能为自己带来惊喜。不去渴望得到，就永远不会失望。人的一生难免会存在缺憾和不如意，无力改变就去学会接受，能够以平和的态度对待生活中的缺憾。

一些人在物质上不断渴望得到，好像永远不知道满足，所以总是不快乐。

在众多的兔姐妹中，有一只白兔独具审美的慧心。她爱大自然的

美,尤爱皎洁的月色。每天夜晚,她来到林中草地,一边无忧无虑地嬉戏,一边心旷神怡地赏月。她不愧是赏月的行家,在她的眼里,月的阴晴圆缺无不各具风韵。

于是,诸神之王召见这只白兔,向她宣布一个慷慨的决定:"万物均有所归属。从今以后,月亮归属于你,因为你的赏月之才举世无双。"

白兔仍然夜夜到林中草地赏月。可是,说也奇怪,从前的闲适心情一扫而光了,脑中只绷着一个念头:"这是我的月亮!"她牢牢盯着月亮,就像财主盯着自己的金窖。乌云蔽月,她便紧张不安,唯恐宝藏丢失。满月缺损,她便心痛如割,仿佛遭了抢劫。在他的眼里,月的阴晴圆缺不再各具风韵,反倒险象迭生,勾起了无穷的得失之患。

和人类不同的是,我们的主人公毕竟慧心未灭,她终于去拜见诸神之王,请求他撤销了那个慷慨的决定。(周国平《白兔与月亮》)

感悟

《金刚经》上有这样一句话:"一切有为法,如梦幻泡影。"所有的得失都如同泡影,你真能看穿了,自然就不会有那么多的烦恼。很多人在现实的世界中还不如在梦境中坦然。如果生活的得失能像梦中的得失那般无所谓,你也就能活的像梦境中那般轻松惬意了。

与其穷尽一生去与他人争名逐利,不如退而求得恬淡轻松;与其浪费时间去计较得失,不如闲来信步看花开花谢。人对于得失不要看得太重,懂得得失随缘的人,才能找寻到生活的乐趣。

忍耐的智慧

佛理有言:"放下即自在,执著就是烦恼的根源。"不执著于得到或失去，不计较得失的多少，不为得失而在意，坦然放下就得到自在了。不懂得失随缘的人，只会沉溺在得失的起伏中，执著于得失，必丢失了快乐。

福祸相生,不求不怨

"祸兮福之所倚,福兮祸之所伏。"福祸是相生相依的,随时都有可能发生变化。不管是好事还是坏事,都只是暂时的,也可能随时互相转化。有的时候在不经意间,福祸就发生了改变。

感到安全、幸福时,常人都会觉得自己是多么幸运,拥有着世间最美好的东西;而在遭遇到危险、灾祸时,总是脸上愁云密布。然而,事物都有两面性,不要过于注重一面,要尝试着去看另一面。

科举盛行的朝代,众位书生为了出人头地、报效朝廷纷纷参加考试。有的人才高八斗但是运气不济,落榜了;有的人才能、人品均属泛泛之辈,但是有背景关系,于是高中了。那些落榜的人,只能一次次参加,然后经历一次次的失败,有的人更为此付出了一生。

其中有这样一个人,他才能出众,在乡里是有名的才子,但是运气很差,参加了好几届的科举都没有中第,他为此十分沮丧。村里有位老人告诉他说:"你现在的不幸,说不定是好事。"他听了以后相当生气。

有一次,他听闻当朝太尉在招揽门生,心里转念一想:这可是天大的机会啊,要是能成为太尉的门生,此次科举有人保荐,定是能中第的,以后的仕途还会更加顺利。于是,他便去到太尉府。不出所料,他的才能被太尉看中，对他十分欣赏。

结果科举的时候，他顺利拿到榜眼，在太尉的极力推荐下，他成为吏部官员。这下算是光宗耀祖了，他荣归故里的时候，所有的人都在恭贺他，赞扬他。恰好路上他又遇见了那位老人，老人摇了摇头说："这或许是祸事啊。"

他听了只当是对他的妒忌，无视老人，转身去接受他人的恭维。老人叹了叹气，便回去了。众人听见了老人的话，纷纷嘲笑、责怪老人无知，这样大的福分竟被他说成是祸事，真是扫了大家的好兴致。

从那以后，他在太尉的帮助之下，官职是越升越高，不到三年的时间，竟然坐上了吏部尚书这个高位，官拜六部之首。

他对太尉更是心生感激，对于太尉的吩咐那更是从令如流。终于，有一天，东窗事发，太尉被革职了，判处了死刑，家眷也被牵连发配边疆。而这个书生也因为自己的行为，葬送了自己的性命。

这时候，乡里的人才想起了老人说的话，纷纷感叹着祸福相生。

感悟

这个书生的故事让我们看到了福祸相生的道理。他不得志时就像是黑夜当中的飞蛾，看见了太尉招揽门生就像看见漆黑一片的世界里闪耀着光芒，于是奋不顾身扑了上去，而扑火的飞蛾最终的命运只能是死亡。

无论是什么事情的发生，只有两种可能性，不是好就是坏，不是福就是祸，不是成功就是失败。《庄子·则阳》中说："安危相易，祸福相生。"所以哪怕是正处在逆境中经历着非人的折磨，也一定要相信这只是暂时的，塞翁失马，焉知非福。

| 忍耐的智慧 |

　　处于幸福安乐时，不要只会陶醉其中不知自拔，而要随时保持警惕，做到居安思危。同样，当遇到灾祸痛苦的时候，不要怨天尤人，要知道反省自己，要懂得去发现希望，才会有转换的可能。

第五章

嗔妒灭，安贫乐道：当放下时且放下

人生来便有七情六欲，会被情绪左右。而无论是生气也好，怨恨也好，妒忌也好，都是让人徒增烦恼的情绪。人应该有安贫乐道的心态，以坚持自己的信念为乐。不要过于执著，该放下的就放下。放下不仅是一种超然，更是一种气魄，是一种让生活重新开始的动力。

放低姿态，虚心接受别人的意见

我们在生活中总是会遇到这样的人：他们以自我为中心，生活的轨迹也如同圆规一样，凡事首先想到的是自己，以自己为圆点进行活动。

这种人傲气十足，认为全世界只有自己最了不起，总以为自己无所不能，并且满腹经纶，成功在他们口中似乎就是那种唾手可得的东西；总认为别人什么都很差，刻意贬低别人。这样独断专横、傲慢无理的人，往往没有人愿意接近。

一个人有傲气是正常的，起码的傲气是激励自己前进的动力，但是傲气过盛就是值得反思的了。很多时候，傲气过盛的人会被傲气蒙蔽双眼，无法学习别人的优势。

放低姿态去为人处世，并不是看轻自己，也不是没有底线地放低，而是能以一种谦卑的姿态，虚心接受别人的意见，学习他人的长处，更加清晰地认识自己。我们不需要对他人低声下气、奉承谄媚，而是在坚持自己底线的前提下，以一颗诚挚的心去对待人和事，给予自己学习的机会。

把自己看低些，不要总认为自己高高在上。能将姿态放低的人，会有光明磊落的心，这样的人有海一样的气度，能被众人喜爱。姿态放低的人很容易融入集体，因为别人对他无需太多戒备，有意见或者建议都能很坦然地告诉他。放低姿态去生活，是超凡脱俗、淡泊平和的表现。

　　位于炎帝故里的法门寺素来香火鼎盛，住持释圆是远近闻名的禅师，许多人有疑惑、困惑都前来找他，求一份宽心。

　　有一天，一个满脸愁容的画者不远千里前来求教。希望释圆大师能够帮助他排解心中的郁结。见到住持以后，画者十分沮丧地说："我痴迷于丹青书画，渴望觅得一个良师指导，但是多年寻找，一直到现在，也没有找到满意的老师。"

　　释圆大师听了画者这样说，反而笑了笑，问道："你花费了这么多年的时间，走过许多地方，见过许多丹青大师，真的没有满意的吗？"

　　画者听了后，叹了长长一口气，摇了摇头说："大师是不少，但是大多都是徒有虚名，所画丹青实在是不堪入目，那画技简直是太拙劣了，这让我如何学习？"

　　释圆大师回答道："贫僧对于丹青也有些许钟爱，见过的名画也很多，虽然对于画技毫无研究，但是也十分喜爱，烦请施主赠与一幅，以作纪念。"画者听到满心欢喜，自己的画能被远近闻名的大师收藏，是件很荣幸的事情，于是欣然答应了。

　　释圆大师拿来了文房四宝，这时候他说："对于茶道我甚是喜爱，品茗冲泡对我来说都是种乐趣。施主若是能为我画上一副茶具，那便再好不过了。"

　　年轻人听了说："既然大师喜爱，那我就献丑了。"说完便展开宣纸，以娴熟的手法磨好浓墨，一会儿工夫，就画出了造型精美、古色古香的茶具。画中茶壶的壶嘴倾斜着徐徐倒出一脉茶水来，往茶杯中注入。画者画完之后，抬起头来对释圆大师说："画已完成，大师请看。"

　　释圆大师仔细端详了一下，便说："这画真是漂亮，只是可惜了，

这茶壶和茶杯的位置颠倒了，显得有些奇怪。"画者听了大师说的话，疑惑地问道："大师，这位置并无错误啊，岂能将茶壶置于茶杯之下？"

释圆大师听了，微微一笑说："道理这样简单，你既然懂得那为何还来求教于我？你就如同这丹青当中的杯子，若想要丹青精进，只有将自己放低，茶水才能倒入其中，才能吸收别人的智慧。而你将自己这个杯子一直置于茶壶之上，自然是觅不到良师了。"

| 感悟 |

做人还是要懂得放低姿态才好，这样才能接受新的"茶水"注入。放低姿态，我们就不会因为自满，而失去吸收新生力量的机会；放低姿态，才能以一双慧眼去发现新的事物；放低姿态，才能以真诚的自己去谦卑待人，获得众人的喜爱；放低姿态，面临力所不及的事物，才会有得到帮助的机会。

| 忍耐的智慧 |

人只有在不断学习、不断超越自己当中才能获得提升。"三人行，必有我师。"每个人身上都有值得学习的地方，放低姿态去虚心学习，才能不断突破自己。只有放低姿态，"茶杯"才能从"茶壶"中获得沁人心脾的"好茶"。

背着是累赘，放下是超然

佛经上常说："凡所有相，皆是虚妄。"六百卷的《大般若经》概括的也无非就是这四句话："一切法，无所有，毕竟空，不可得。"拥有的一切都如同泡沫，迟早都会面临破灭的宿命。即使短暂拥有了，也不可能会长久。既然如此，不如洒脱一些，学会放下，才能达到人生的超然。

俗话说："欲壑难填。"人们对金钱、权利等的向往，都是不可抑制的。它就像一个黑洞，在不断吞噬着人们的心灵。但即便拥有再多，迟早也是要失去的，与其经历那种失去的痛苦，不如坦然一些学会放下。

能放下是洒脱，是一种值得称赞的行为。那些死死抓住不能放下的人，一味背负下去，最终只会累垮自己。拿得起放得下的人，有担当，够坦然，不为欲望折腰，在生活中才能享受到真正的快乐。

有很多人经常会觉得不快乐，原因就在于不知道应该如何放下。烦恼、痛苦、欲望、得失……这所有的一切，如果不放下，得不到快乐就是自然的了。其实仔细想来一切都只是暂时的，又何必背负着这些不会永久存在的东西呢？

　　有一个青年，他走过了很多的地方，路过许多风景，也遇到了很多的人。刚开始的时候，他只是背了一个简单的小包从家里出发，可是每到一个地方，他就会增添几样东西，于是他只能换了一个很大的包，而包也随着他走过的路，变得越来越满，越来越重。

　　他开始变得很累，却又不舍得丢掉包里的任何东西，于是只能背负着所有的东西，一路行走。

　　有一天，他在路上遇到一个禅师，同行之时，他开始对禅师抱怨了起来。

　　他说："禅师，我行走了很长的路，长期的跋涉让我十分疲倦，甚至开始想着终止我的脚步。我的鞋子在行走之中破了，一路上荆棘不断割破双脚。我早已忘记了当初出发时的美好愿望，我真的觉得好累。"

　　禅师听闻后问道："你能告诉我你的包里都装着些什么吗？"青年说："里面都是一些很重要的东西。我每一次遇到的美好，我所有的成就，我这一路上的痛苦，还有烦恼。"

　　禅师什么也没再说，只是带青年来到河边，坐船过河，等船靠岸以后，禅师笑了笑，对青年说："现在请你将船扛着继续往前赶路吧！"青年听了以后很惊讶，对禅师的话十分不解，说："这个船太重了，我没有办法扛动它。"禅师微微一笑，说："在我们想要渡河的时候，船对于我们来说是很重要的。但过了河，我们就不需要船了。对于你来说，一路上的经历能让你的生命变得多彩，灵魂得到升华，但不停背负在身上，还念念不忘的话，就成了你未来行走路上的累赘。放下吧！不要为难了你自己。"

　　青年听了以后放下那个包袱，继续往前行走。这时候的他发觉脚步不再沉重，疲倦也一扫而光，就连心情也变得愉悦起来。

感悟

佛家有句俗语："能放下一切众生，这叫智慧。"但凡有着烦恼的人，归根结底就是没有学会放下，所以背负着沉重的包袱，让自己对生活产生疲倦，感受不到其他的美好存在。智者无为，愚人自缚。不为自己的身上套上枷锁，自然就不会觉得累了。"放下"，不仅是能让心灵得到解脱的方法，更是一种智慧。

"当断不断，反被其乱。"不要过多留恋和不舍，如果不懂得放下，反而会被牵绊，无法得到解脱。学会放下，调整好自己的心态去迎接未来，这才是最好的办法。懂得放下，生命才能重新开始，也才能获得新的力量。有人说过："世事愚人，追逐功名迷本性。云山忘我，抛开得失现天真。"只有放下，才能还原一个最真实的自己。

忍耐的智慧

不要把自己的人生变成木偶剧，不停缠绕背负，一生只能靠线过活，得不到自由。佛家常说的"放下"，意思并不是一切皆要抛弃，为追求大乘佛法什么都不要，而是说要了解自己真正的需求，满足它的同时，抛开那些不必要的欲望。人生苦短，只有学会放下才能尽赏美好。

放下过去,才能重新开始

佛理认为:"放下即是幸福。"很多时候,我们总是会对那些已经成为过去的事情无法释怀,然后抱怨自己为什么得不到幸福,其实原因就是自己拿得起,放不下,沉溺在过去,看不见当前的机会,生活就会停滞不前。

佛家云:"看破,放下,自在。"一个人要能做到坦然放下,只有在经历了世事,看淡了名利得失以后才会明白。放下身上所背负着的不必要的累赘,才能有轻松自在的脚步;放下对生活的偏执,才能看见所处的优势;放下心里的烦恼,才有舒展的笑颜;放下偏见和傲慢,才会收获好的人缘。放下,不仅仅指那些伸手就可触及的东西,还有自己过去的纠葛。

其实不管过去我们究竟经历了些什么,我们都应该心存感激。正是过去的种种历练,才造就了我们坚强的今天。感激过去但不要沉溺,回忆过去但不要怀念,因为过去的毕竟都已经过去了,我们不应该多作停留。我们既没有能力去改变过去,也没有那样的运气再次经历,所以我们只能在现在努力生活着。

无论是在什么时候,我们都应该坦然放下过去,重新开始新的生活。莎士比亚说过:"聪明人永远不会坐在那里为他们的损失而哀叹,却去寻找办法来弥补他们的损失。"所以,就算感情丰沛到一定的地步,也不要为过去浪费。

一个年轻人来到山溪老和尚的座前说"师父呀,求求您帮助我!"

老和尚缓缓地睁开眼睛,说:"怎么了?"

年轻人说:"我受不了了!我最近的压力很大,想死的心都有了。我的合作伙伴把我骗了,使我的生意破产,老婆看我这么没落也离我而去。现在我什么都没有了,我该怎么办?"

老和尚把手一指,说:"去到你身后的墙角处,把那两个水桶提起来与肩同高。"

年轻人起身走过去,发现两个桶里面各有十分之一的水,把水桶提起来试了试,感觉并不重。他转身面向老和尚,发现老和尚已经闭目打坐了。于是他把水桶提到与肩同高,像挑水的样子。

十分钟过去了,年轻人没感觉累,心想:"这是什么方法?"

半小时过去了,年轻人还能坚持,心想:"师父是不是在考验我的体力?"

一小时过去了,年轻人实在坚持不了了,大声喊道:"师父,什么时候放下?我受不了了!"

老和尚缓缓地睁开眼睛,说:"你本来就可以在任何时候放下!"

年轻人一下就开悟了,谢过师父,自信满满地走出庙外。

| 感悟 |

很多人的思想总停留在过去,经常会有"如果能回到过去,我一定会怎样"的想法产生,其实这样的想法从根本上来说就是个错误。

世间本来就不存在后悔药，也没有所谓的时光机，所以过去了的就让它随风散去吧。

我们应该从不停的悔恨当中走出来，看看眼下该做些什么，能做些什么，而不是一直在思考"当时我该怎么做"的问题。事情既然已经发生，也不可能再挽回什么，就不要再浪费时间去后悔了。面对既定的事实，人有时候还是应该有塞翁的精神，不要过多惋惜。如此，起码我们可以拥有一种乐观的心态。

昨天的日子已经远去，应该学会放下才是。无论是痛苦还是幸福，无论是成功还是失败，都应该给此刻的心灵一个沉寂的机会。毕竟，生活还在继续，没有那么多时间去留恋过去。一味地去追忆过去，反复体会过去的痛苦，是不明智的做法。

昨天既然已经过去，念念不忘的话又怎么开始现在的生活？我们现在所要做的是珍惜当下，把握好每一次机会，不做让自己未来后悔的事情。

忍耐的智慧

后悔是一个连锁反应，一旦开始了，便无法停止——后悔过去的事情，无法珍惜当下，而当现在变成过去，身处未来的时候，又开始后悔当下错过的事情，然后就这样一直循环着。所以不要再浪费时间去后悔过去的那些人或事，如果因此错过了现在，才真是得不偿失的事情。

切莫太执著，该放必须放

《菩提心论》中说："凡夫执著名闻利养资生之具，务以安身。"现实生活中，很多人都执著于名利，将名利看成是不可或缺、赖以生存的必备条件，其实安然过日子才是最重要的，不要太过于执著，该放的还是放了为好。

生命中的一切都像是天上的云朵一样，没有永恒的形态，随时都处于变化之中。如果一味执著在其中，痛苦的只会是自己。

但凡自己觉得痛苦、难过，那就一定是在变化之中不愿意接受现实。可是现实毕竟就是现实，过于执著了就是痛苦。不要有"只要拥有就永远不会失去"这样的妄念，单方面把期待和欲求投射在这个变化无常的世界里。

没有过多的执念，就不会有过多的渴求，这世界纷扰太多，还是要云淡风轻一些才好。人们生活在这个竞争日益激烈的社会当中，不可避免的就是面对诸多的欲望，于是告诉自己要执著一些，才能比别人生活得好一些。可是，这样的执著未必就是好的，反而会让人生活越来越累，反而会迷失自己……

有一个年近古稀的老人，他诚信佛教。自从自己的妻子去世以后，

他更是虔诚，每天无论什么样的天气，都坚持出去做善事，每天晚上回来之后，还要诵经礼佛。在人们眼里他绝对是一个好人。

老人年轻的时候，是一个经商之人，经常行走于大江南北。有一次，他在路上救了一个和尚，和尚为了答谢他，就给他悄悄留下了一串珍贵的佛珠，然后就离开了。当他见到佛珠的时候，瞬间就被吸引了，这佛珠材质十分罕见，并且有着悠久的历史，打磨得圆润十足，光泽透亮。

自从得到佛珠以后，这么多年以来老人每天都将它小心翼翼地带在身边，一有时间就拿出来把玩一番。日复一日下来，佛珠变得比以前更加剔透，在光照之下显得极其漂亮。

有一天，老人带着佛珠出去行善，在路上拿出来念经的时候，被路边的一个人看见了。那人见了佛珠一下子就动了邪念，于是尾随着老人到了家里，等到夜深人静之时，就入室行窃，准备偷走佛珠。

不料老人从睡梦之中被惊醒了，见有贼人想要偷取自己的佛珠，于是拼命护住，两人一直在拉扯着。贼人一看情况不妙，拖下去也不能得手，反而会惊动周围的人，于是情急之下，只能举刀杀害了老人。

天亮后，街坊邻居发现老人家的门是虚掩着的，于是在呼唤无果之后，将门推开了，却看见老人枉死的惨状。这样好的人，却横死在家中，上天实在不公，于是有人疑惑，问佛祖："老人诚心礼佛，日行一善，为什么这样好的人不仅没有得到佛祖的庇护，还让他被贼人杀死不得善终？"佛祖看了众人的疑惑以后，长叹一口气，回答说："我看见这样的情况，本来是想救他一命的，只要他放手让那贼人将佛珠拿去，他就能活了，谁知道他宁愿死也不放手，我还能怎么办？"

感悟

老人就是太过于执著,结果断送了自己的性命。生命有承受的极限,太多的物欲和虚荣是会让生活超出负荷的。得到是一种运气,懂得放手才是一种智慧。舍和得是互相转换的,老人若是舍了这一串佛珠,得到的就是自己的生命了。

人之所以会感觉到痛苦,就是因为对那些终将失去的东西过于执著。不管你此刻拥有的是什么,都不会长久的,我们的生命也是如此。所有东西都处于"得"与"失"这样的变换当中,得到是失去的前提,这样的过程是早就注定了的。如果我们始终无法放开执著的心,就只能沉沦苦难之中。

忍耐的智慧

穷则变,变则通。该放的时候就要学会放,有时候放下反而是另一条大道,如果太过于执著,就变成了固执和迂腐了。学会让执著转个弯,该放下的时候就放下,生活才会变得美好。

第六章

勿执念，动心忍性：云在青天水在瓶

痛苦的根源便是过深的错误执念，执著太多会让人深陷痛苦之中难以自拔。历经困苦的磨砺，身心都得到修行。《新唐书·陆象先传》中说：「天下本无事，庸人扰之为烦耳。」放下无谓的执念，珍惜当下才是真理，不要为自己白白寻了烦恼，迷失了自我。

错误的执著，痛苦的根源

佛法认为："世间万有，如被执著，即是痛苦或痛苦之源。"人们常常在生活之中觉得痛苦不堪，生活中到处都没有希望，找寻不到快乐的踪迹，皆是因为心怀执念。人的生、老、病、死、悲欢离合，都是自然之事，但错误的执著，则是一切痛苦的根源。佛家认为众生被执著所围困，处处都有执著的影子。

佛家有云："万般将不去，唯有业随身。"意思是无论是财富地位，还是自己喜爱的东西，在死后都带不走，只有自己所做的善、恶之事能带走。所以执著于身外之物也是没多大用处的，就算是及时享乐了，也不会在生命殆尽后永存。

所有的一切我们都是生不带来死不带去，还是不要太过于执著为好。无论是什么，不要有据为己有的念头，能拥有就感激，不能拥有就让它随缘去。只要不过于执著，就不会有负担、累赘、忧虑，自然不会有一大堆的烦恼。

"执著"这个词源于佛家用语，意思是对某一事物坚持不懈，不能得到超脱。《圆觉经》中有："空实无华，病者妄执。"是说本身没有甚至是不存在的东西，在错误的认知、认同下，却认为是真的。

人们应该放下对外界事物的执著，不要让自己陷入执著的痛苦当中。如果我们没有这种执著，佛也不会教世人要去放下。初生的孩子对这世间没有执著，他们有的只是生存的本能，所以才会无忧无虑，有着世界上最纯净的笑容。

当你从执著的泥沼中走出来，不再对事物有执念，自然就不会被执著摆布，也就不会有那么多痛苦，而你的心也就得到了自由。

一位曾经对生活充满激情、踌躇满志的年轻人来到寺庙里，看起来他满怀烦恼，他希望找到那个拥有大智慧的禅师。正巧这时候，一位禅师由此路过瞧见了他，便走过去询问道："年轻人，你似乎有烦恼，不介意的话说来听听吧。"

年轻人抬头看了看，正是他要找的禅师，于是回答道："禅师，我觉得十分痛苦，生活让我压抑不已，我无法疏解这样的情绪。"禅师微笑着听完年轻人的倾诉，对他说："你随我来屋里，先帮我烧壶开水。"年轻人进到屋里，看见墙角放着一个很大的水壶，水壶旁边是一个小火灶，火灶没有一点柴火，于是，他便出去找柴火。

他在外面发现有一些枯枝，便捡了回来，然后在河边装满一壶水，将柴火点燃以后开始烧水。可是由于壶太大，火灶又太小，所以里面的柴很快就烧尽了，火渐渐熄灭了，而水也没开。看见这样的情况，他又跑出去了，继续捡着那些树枝，回来的时候却发现那壶水已经快凉透了。

这回他没有像刚才那样急着烧水了，他再次出去捡，一直到有足够的柴火以后才开始烧水，终于将水烧开了。禅师看见以后却问他："如果外面没有那么多的柴火，你想怎么烧开这些水？"年轻人想了一会儿，也想不出什么办法。禅师说："其实你可以把水壶里的水倒掉一部分，水就可以开了！"年轻人听以后觉得是这么个办法。禅师接着

说:"你一开始踌躇满志,对于生活也想得太美好,你就像这个水壶,你在不停地装满它,而生活就是柴火,不能将水全部烧开的时候,你看着那些水无法沸腾,你自然就觉得痛苦了。"

年轻人听了以后恍然大悟。

| 感悟 |

执著与痛苦是成正比的,执著越多,痛苦越多。想要脱离痛苦,就必须放弃那些错误的执著。在你遇到事情的时候,可以从客观上来分析自己是否需要执著,而这执著带来的又是什么,这样执著就不会发生偏执,痛苦也就不会出现。

很多时候,正是因为有期待,所以才有那么多的执著。在面临缺憾的时候,保持着一份随缘的心态,不要追求过多的完美,完美带来的不一定就全是幸福。生活多少有些起伏,才会有乐趣。能在这样的起伏当中不执著,不强求,才能有个不完美的完美人生。

| 忍耐的智慧 |

每个人都有欲望,这是人之常情,但不是说不要有欲望,而是不要让欲望成为贪婪和执著的掩护,毕竟欲望是推动生活继续的动力。佛家看来,一切的苦恼产生根源都是对欲望的错误执著,所以不要迷失在错误的执著当中,让自己痛苦。

天下本无事，庸人自扰之

《新唐书·陆象先传》中说："天下本无事，庸人扰之为烦耳。"其实本来世间并没有什么事，都是些平常人或没有见识、浅薄的人在自己的假想中瞎着急，甚至是自找麻烦，过分的谨慎和担忧而造成这样自寻的烦恼。

古人说："知事多时烦恼多。"就是告诉我们不要多事，一旦事情多了，人的心就得不到清净。有时候，人不必在意很多，用一颗随性的心去生活，要以平常心对待。平常心才是值得我们一直坚持着的。无论遇见什么，能以平常心面对，自然烦恼就少了。

有一条宽阔的大江，在大江的周遭有好些个村落，虽然那里的气候相当宜人，但是，人们要购买东西就显得十分不便，于是，就出现了一些以划船送货为生的人。

有一天，一个年轻的船夫划着自家的小船，从大江这头送东西给另一个村子的居民，距离很远很远。恰好那一天的天气实在是让人很焦躁，酷热难耐，船夫在这样的天气下汗流浃背，真可谓是苦不堪言。

船夫看着时间越来越晚，在天气的作用下，心里更加火急火燎，于是加快了划船的速度，希望能赶紧在天黑之前将货物送到目的地，好能

够安全返回家中。

突然,船夫发现前面有一只小船顺着风向自己快速驶来,眼看就要撞上了自己的船了。船夫努力躲避,但是没有什么用,那只船顺着风,速度很快,并且没有丝毫避让的意思。船夫于是只能大声向对面的船吼叫道:"前面划船的人,你快点让开,我们的船要撞在一起了。"

他不停地吼叫着,试图让船能够远离水道,但是没用,那只船还是重重地撞上了他的船。船夫的船被撞得左右摇晃,船上的货物也掉进了江里。船夫见状被激怒了,他厉声对着那条小船斥责道:"你到底会不会驾船?这么宽的江面,竟然还能撞上我的船,还害得我船上的货物全部掉进江里,你说怎么办?"当船夫怒目审视那只船时,他才发现,小船上一个人也没有,原来此船是一只空船。

| 感悟 |

当你在遇到事情的时候,别盲目责难、怒吼,像这个故事中一样,也许对方只是一艘空船。

其实,人生的很多烦恼都是自找的。比方说别人不小心踩到了你,然后道歉了,但你觉得踩在你的新鞋上心里就是不舒服,然后开始跟人吵架,吵得越来越厉害,最终让自己更加生气。人们在生活中,肯定会遇到一些十分烦恼的事情,有些烦恼来自外界,天灾或是人祸,这才是我们应该正视的,但这些烦恼的几率很小,运气好的几乎一辈子都遇不到;相对的来说,其实大多数烦恼都是源于我们的内心,这就是所谓"自寻烦恼"。

生活当中很多烦恼都是出自人们的想象,并且在思维当中不断扩大、强化,最终让这些烦恼成为一种心理负担,会让人觉得很累,无法看到世间的美好。当烦恼涌来的时候，如果能解决的话，一定要尽快处理，千万不要拖沓，这样只会让烦恼缠上你。如果暂时不能解决，那就不要过多思考，先放置在一边不要触碰，等到能解决的时候再来处理。

烦恼就像一个气球，本来只是一块橡皮而已，但是自己却不停地往里面吹气，于是烦恼就变得越来越大。烦恼多了，我们也会因此花费更多的精力和时间来处理，这样的话，我们就没有时间和精力去实现自己的梦想。让烦恼随风而去，才是最好的办法。

| 忍耐的智慧 |

世界上最宽广的是海洋，比海洋更宽广的是天空，而比天空更宽广的是人的心灵。一个人要是能做到心胸宽广，宽厚待人，一定不会有那么多烦恼。倘若心灵能像天空一样，那烦恼就不会常伴左右。把握好我们已经拥有的，珍惜当下，才能享受美好的生活。

灭却心头火，剔起佛前灯

佛门有句谚语："灭却心头火，剔起佛前灯。"在佛教中，把由世俗的欲望而产生的不好的思想或者行为，都称为业火。只有把这种思想灭却，时时提醒自己才不至于走进歧途。然而，在现实生活中，我们毕竟都只是普通人，难免会碰到不如意的事情，于是自然就会产生怒气，甚至有可能因为怒气做出一些害己伤人的事情来。这心头火就是佛教讲的嗔，它与贪、痴一起被称为"三毒"。

当情绪产生的时候，一旦不受控制，比如大哭大闹、怨怒咒骂甚至动起手来，就会出现一些不好的状况。所以，情绪用事的人总会被人厌烦甚至嫌弃，遇到事情的时候没有人愿意帮助。因此无论是面对的什么问题，千万要理性对待。佛家讲的"一念嗔心起，百万障门开"，也就是这个意思。

人一生气，就好像是乌云遮日一样，阳光无法照射进来，那乌云也挥之不去。人非圣贤，孰能无过，没有人能做到时时刻刻都能以一种良好的状态去面对一切，但是，我们可以通过自己不断的努力，修身养性来慢慢调整，学会克制自己的情绪。

宋朝的时候，有一个名叫张九成的人，他曾是被宋高宗钦点的状元，在官场中几经沉浮，后遭人陷害被落了职。他在父亲过世之后，认识了径山寺妙喜禅师，两人相交友善，经常谈论禅理、佛经。也因为如此，两人结下了深厚的友谊。

有一天，张九成一大早就到径山寺来找妙喜禅师了。来到妙喜禅师的禅房当中，他随便找了个位子就坐了下来，闷不做声，眉头一直紧锁着，显得十分不悦。

妙喜禅师见他这样，问道："你来这里是做什么的？"张九成答曰："打死心头火，特意前来与禅师共同参禅。"妙喜禅师听了这话以后，顿时就明白他这是因为一些事情，心头火烧得正旺，于是故意试探地说："那你今天为什么起得这么早呢，难不成是妻子与他人同眠了？"

张九成听到妙喜禅师这话，心中无明之火更甚了，立刻就对禅师发火道："妙喜，你也太过分了吧，我平日里如此敬重你，你为什么还说这样的话？"

妙喜禅师听了以后，反而微微一笑，无视他的怒气，不慌不忙地说："轻轻一扑扇，炉内又起烟。"张九成一听，觉得惭愧不已，真是枉费了平日里参的那些禅，看的那些经书了。他的怒气顿时全消了。

感悟

每个人都会或多或少受到情绪的影响，关于情绪还是应该多做了解，只要有了足够的了解，就能够脱离情绪的掌控，避免做出令人遗憾的事来。很多时候如果情绪处于大起大落之中，就切忌千万不要匆忙做决定。情绪会蒙蔽我们的双眼，让我们无法看清事实的真相，考虑自然就不会那么周详了，容易作出让人终生后悔的决定出来。内心处于平静状态之下，才不会因为受到情绪的影响，作出错误的决定。

　　人们生活在错综复杂的社会当中，就避免不了有挫折和烦恼，而消极的情绪也会时常出现。作为一个成年人，在面对消极情绪的时候，应该要懂得调节和控制情绪。也就是说不可能没有消极的情绪，而是应该以正面的心态来面对它。调节和控制并不是说就要压住这些消极的情绪，而是要懂得化解。如果只会貌似隐忍，不懂得化解，反而会让这些情绪日积月累，最后出现忍无可忍或以破坏性的方式爆发出来，造成伤人伤己的结果。就像是我们平时看到那些表明温顺的人突然发起脾气来，做出一些让人不敢相信的事情。

　　其实，很多时候在我们受到别人的伤害或遇到吃亏的事情时，不要立刻就像火山喷发一样，一发不可收拾，更加不能心生报复，应该冷静，仔细想想，用客观的态度来看待这件事，思考到底是因何而起，过错到底在哪儿，假设一下各种可能性，自然也就不会怒火中烧了。很多时候，事情的发展都是在双方的怒气之下出现极端行为。如果说能够心平气和，矛盾自然就化解了，也就避免了不必要的争吵或灾难。

忍耐的智慧

　　很多时候，如果人们能够摆正自己的位置，愿意忍耐，或者是能经受住困苦，在很大程度上消极情绪的勇气。也正是因为如此，人们的眼界才变得开阔，生活也才会有许多新的认知和乐趣。

追寻虚无缥缈，莫如知福惜福

唐朝的杜秋娘在《金缕曲》的诗中写道："花开堪折直须折，莫待无花空折枝。"我们应该珍惜眼前拥有的，不要等到错过了才渴望，那只会造成终生遗憾。我们的生命有限，没有多少机会可以错过。

人往高处走，水往低处流。很多人终其一生都在不停地追求，有些追求可得，有些追求却遥不可及。为了一些穷其一生也无法得到的追求，浪费了时间和精力，这才是最遗憾的地方。其实仔细想想，人们都在不停地追求幸福、快乐、美好，可是欲望却是个一望无际的沼泽，一旦陷下去就再难出来，即便是出来，也一身尽染，想要回到最初的纯净，也是很难想象的事情了。

很多人总是在后悔，总是在假想如果能重来的话会怎样，可是这样的事情不可能发生在现实世界里，就像时间一样，只要流逝了，就再也不会回来了。

宋代的法演禅师说："福不可以享受到尽头，假如福享受尽了，幸福和快乐的源泉就会枯竭。"一个人只要还活在世上，无论是贫穷还是富贵，不管拥有是多还是少，就应该要有一颗知福惜福的心。生活这条路漫长而多变，也许在下一刻，我们的幸福就消失殆尽了，如果眼前你正拥有幸福，那么请珍惜。

有这么一个男人,他虽然家境贫穷,却有一个十分幸福的家庭,夫妻俩的感情十分好,经常一起出门,过着日出而作,日落而息的简单生活,周围的邻居都很羡慕。

有一天,他们像往常一样出门到地里去劳作,忽然发现竹林里有一个人昏倒,这个人衣着不凡……他们也没做多想,就将那人带回家去了。

他们精心护理了两天之后,那个人苏醒过来。他告诉这家的男人说,他是邻国的一个经商之人,家里富裕非凡,希望男人能追随他,保证他能够赚到大钱,让家庭富裕起来。

男人听了以后,陷入了沉思当中。他们的家庭现在看来确实是很困难,如今得到了这样一个好机会,以后很有可能会飞黄腾达,让自己的妻子过上好的生活。但是如果离开妻子去了,妻子一人在家会面临很多的困难,也有可能遭人欺负,他觉得有些两难了。

他的妻子见他这样犹豫,劝解说无论去还是不去,她都会支持他的。如果他去,她就一直在家等他回来,如果不去,就一起努力生活下去。

听了妻子的话,男人下定了决心。男人谢绝了那人的好意,他相信,他会靠自己的努力,为妻子带来好的生活,不会离开她让她独自一人承受生活的苦。

那人对此显得有些不理解,不过还是道过谢以后就离开了。从那以后男人开始努力工作,终于在他们的努力下,家里的情况好了起来。不久后他们迎来了他们的孩子,生活变得比以前更加幸福了。

|感悟|

也许有的人会无法理解这个男人的做法,但其实这个男人是很有智

慧的,他没有因为一个人架构的虚无缥缈的美好而放弃自己眼前的幸福。

如果这个男人任由渴望富贵的欲望滋生,将自己现在拥有的一切幸福抛在一旁,那么幸福和快乐就必定会远离他。无论我们面临的是何种境况,即使是身处绝境,也要相信明天有无限的生机和美好。珍惜眼前所拥有的,并以此为动力努力奋斗,才会像这个男人一样幸福。

|忍耐的智慧|

拥有一颗知福惜福的心,不去追求那些不切实际的东西,生活就会变得美好,而我们自己就会对所得到的东西充满感恩之情。只有这样,生活才会充满无限惊喜,幸福也才不会远离我们。多一分知足,少一分抱怨,才能品尝出生活这杯美酒的滋味。

放弃比较，回归自我

当今现实生活中，一些人被物欲左右了人生，形成攀比的心态。那么身处其中的我们要以怎样的心态去面对呢？这就取决于能否摆正心态，即以得也坦然、失也坦然的去面对，做最真的自己。

攀比源于对自己、对现状的不满，看着别人比自身优越的地方就忍不住作比较。世界上的很多事情本来很简单，只是比较得多了，就变得复杂起来，人也在这样的比较中迷失了自我……

攀比的心理是人性的一个弱点，也是造成不幸的一个重要因素，它会让人在攀比中忘了享受生活的美好和安然，看不见眼前的幸福。在攀比的过程中，总是觉得别人拥有的比自己的要好要多，所以不断追逐，但是往往又很难得到。

有一个学僧叫道岫，他一心向佛，每日坚持抄阅经书，一遇到不懂的地方就去找禅师解答。他苦心修行了十多年，但是一直没有什么成绩，也始终悟不出什么禅理来。他心里一直很不舒服，再加上看着比自己入门时间短的师弟们一个个都悟道出师了，自己几乎没有什么进步，仍是对禅理一窍不通，心里更着急了。

道岫经过一番思考，觉得自己肯定是比别人愚笨，所以才会这样苦苦修炼也没有结果，于是，他决定出去做个苦行僧，看看能不能悟道。

于是，道岫打点好行装，决定离开寺庙。临行前，他来到广圄禅师的禅房里向他告别。道岫说道："师父，我觉得我辜负了您的栽培，实在是内心有愧。自从皈依在您座下，这么些年来尽管我努力修行，但却始终没有任何成绩。我想，我是真的没有这个天分，因此，我打算四处云游，走之前特来向您辞行。"

广圄禅师听了道岫的话觉得非常惊讶，对他这样的行为表示难以理解，于是问道："为什么没有悟出道来就要离开这里呢？难道去了别的地方就能悟出来了？"

道岫显得十分诚恳，说道："我每天除了日常所必须花费的时间以外，将自己剩余的全部时间与精力都花在了参禅悟道上了，我的努力是别人的十倍、百倍。可是，尽管我这么用功，还是不能开悟，看着师弟们一个个都出师了，想到我自己还是一点进步都没有，我心里就十分难受。师父，我还是走了吧，这样起码我心里会好受一点。"

广圄禅师听了以后摇了摇头，说道："别人如何那都与你无关，你修你的禅道，别人悟别人的禅道，这本来没有一点关系，你为什么非要混为一谈呢？"

道岫回答道："大鹏鸟与别的鸟一比就能显示出不同，它只需要轻轻一展翅，就能飞越几百里，这是多让人羡慕的事情，可是我努力十几年，也不过只是短短几步路而已。"

广圄禅师听了他的话，说："大鹏鸟是能飞出几百里，这是它与生俱来的优点，但是它却不能像别的鸟一样轻易地就站在树枝上。"

道岫听了以后默然不语，思考片刻后把自己的行李放回禅房，云游的事再也没有提起。

感悟

人与人之间的差异是客观存在的，有差距是自然而然的。若是在差距面前比较，让自己在这攀比的道路上一直前行，结果原来的自己就会被滋生的嫉妒、怨恨和弱势感笼罩，也失去了快乐的感知。

人与人之间存在差异是社会发展过程中的自然常态，但偏偏就是有一些人就是要迎难而上，无视自然常态，觉得人与人就是一样的。这样的人一旦觉得比别人差，就只会整天抱怨，处处不满，甚至是莫名其妙就发火。其实，这是自卑的表现，是对自我没有办法认同，只能在不停地攀比当中寻找一点薄弱的优越感来慰藉自己。

攀比不是罪过，而是人内心的对外界物质的强烈渴望，所以很容易就烦恼丛生，在越来越多的东西面前产生欲望，然后又陷入想得到又无法得到的困局中，患得患失，体会不到眼下的人生中最值得珍惜的美好。

一个人如果只对物质产生追逐的欲望，那么他将会忽略了一个丰富的内心世界，同时，他也没有办法做到平和对人，在与人接触时，不免就会产生攀比的心理，长此以往就会造成人际关系的失和。

忍耐的智慧

喜欢攀比的人往往是不懂得爱自己的人，更不用说去爱别人。他让自己的人生处于随时被别人牵着鼻子走的状态。攀比让人失去自我，失去快乐。

诽谤当前，沉默是金

在现实生活当中，我们都经历过争吵，和别人产生过摩擦。这样的情况谁都无可避免，也没人可以保证这样的事不会发生。有时，他人的误解会对我们造成伤害，我们也会因为一些情绪和周围的人产生矛盾。这时候，难免就会有些人心生怨恨，在我们的背后对我们进行诽谤中伤。

《坚意经》云："慈心正意，罪灭福生；邪不入正，万恶消烂。"这是佛陀治诽谤的良方。当我们面对别人的中伤和诽谤时，不要急着前去质问或者辩解，这样只会让人认为你是在刻意掩饰，不但无法澄清自己，还会与对方产生更多的争执，造成不好的影响。针锋相对、以牙还牙，会扰乱你内心的平静，使你变得愤怒，产生记恨，产生报复对方的心理，最终与那些诽谤的人沦为一丘之貉。

佛陀在《四十二章经》中说："欲以诽谤损人，就如同仰天而唾，唾不污天，还污己身；逆风坋人，尘不污彼，还坋于身。"面对诽谤的时候，还是沉默应对比较好。一样礼物如果你不接受，就还是赠与你礼物的人自己拥有，同样的，你不理会诽谤，那么诽谤的人侮辱的就是自己。诽谤的人，在诽谤不了别人的同时，也是在丢失了自己的人格。

清朝有一个儒生名叫刘泰宇,以教书讲学为生计,颇有文采,在村里也算是个名人,因为乡野之地,文人总会让人心生崇敬。

浙江有一位大夫,因为家庭原因离开故地,带着他尚且年幼的儿子,历经一番颠沛流离,最后流落到了这个村庄里。初来之时,这位大夫便认识了刘泰宇,两人一见如故,他便决定带着儿子住在刘泰宇的隔壁,自此两人成了相处要好的邻居,情同手足。

那大夫年幼的儿子长得十分清秀,比一般的孩子要聪慧许多,很惹刘泰宇喜爱,大夫见此就让儿子拜刘泰宇为师,以便精进学业。

不久后,这位大夫罹患重病,他想到此处自己没有别的亲属,于是在临死之前把年幼的儿子托付给了刘泰宇,然后撒手人寰了。刘泰宇在悲伤之余,仍然不忘记挚友临终的托付,待那幼子犹如自己亲生的儿子一般,悉心教导,关怀备至。数九寒冬,他怕孩子冻着,就和那幼子睡在一个被窝里,以自身的温度来为孩子取暖。

这村里有个蛮横无理、嚣张跋扈的人名叫杨甲,平日里对谁都是张牙舞爪,刘泰宇很讨厌他。这杨甲得知以后就记恨在心,并且乘机制造谣言说:"刘泰宇把已故老朋友的孩子搂在自己衣被里当作娈童一样玩弄。"一时之间,谣言四起,刘泰宇有口难辩,于是只能是又气又恨。

他后来实在无法忍受这样的流言,在多般打听之下,得知这孩子还有个叔叔可以投靠,据说是在沧州河上运粮。于是,刘泰宇带着这孩子来到沧州河边苦苦寻找。几天下来,终于找到孩子的叔叔,刘泰宇就把这孩子交给了他,十分郁闷地回到家中。

刘泰宇生性迂阔拘谨,再加上又是个儒生,十分爱惜自己的声誉,他想到自己如今遭受这不白之冤却又毫无解决办法,只能郁结在心。不久后刘泰宇忧郁成病,最终含恨而终。

感悟

故事中的刘泰宇，因为遭受他人的诽谤，就对挚友临终的托付不管不顾，将孩子送到毫不了解的叔叔手中，还因为诽谤而产生抑郁最终断送了自己的性命。由这个故事可见，面对诽谤还是不要过多计较，面对那样的小人，过多计较不仅降低了自己的身价，还践踏了自己的人格。

诽谤也好，中伤也罢，都只是一时的，人们很快就会淡忘。所以，对于那些一时的中伤与诽谤不要太过在意，迟早都会消退的。这其中有些人或许是不明真相，听信了一时的诽谤而错怪你，那么你更无需去斤斤计较，当人们了解真相之后，反而会心生愧疚。做自己该做的事，不要为这些事情劳心费神，不要管什么流言飞语，该怎样活着就怎样活着，这才是睿智。

忍耐的智慧

对于诽谤，最有效的解决之道就是沉默以对。《荀子·大略》中说道："流丸止于瓯臾，流言止于智者。"所以，面对那些恶语中伤的人，不予理会才是聪明人的做法。人，不能管住别人的行为，却可以让自己不受这些行为的影响。

第七章

随缘去，心平气和：行直何需参禅

人生的结局如何其实并不重要，重要的是以何种心态去面对人生。我们无法掌控人生最终的结果，但起码能让人生的过程变得有意义。不去强求，凡事随缘，便能以一种平和的心态去面对人生，发现人生过程当中的美好。

真理只藏于平淡之中

"绚烂之极而归于平淡。"这是苏东坡的一句至理名言。

我们这里说的平淡是指生活中无论遇到什么事情,都能从容不迫。平淡不是平庸和无味的组合,而是在日常生活当中保持质朴,是唯心的执著,是内心的平静,是不为外界物质所动的淡定。

刘安在《淮南子·主术训》中说:"非淡泊无以明志,非宁静无以致远。"意思是不把名利看轻就不会有明确的志向,不能排除外界的干扰、以一颗宁静的心去努力,就不能实现远大的目标。

人只有心无杂念,保持淡泊的心态,甘于平淡之中,才能有宽阔的眼界,才能感受美好的人生。

唐朝有一个著名的佛家禅宗高僧,被人称为一代宗师,他便是龙潭寺的崇信禅师。崇信禅师曾跟随天皇寺的道悟禅师,在道悟禅师身边当了多年的学徒。那些年,他每日都是做一些很普通的工作,比如砍柴扫地,挑水做饭。他知道这些都是对自己的磨砺。唯一让他不能忍受的就是,他从不曾得到道悟禅师一星半点的指导,这让他十分苦恼。

终于有一天,他忍不住跑到道悟禅师的禅房去问:"师父,弟子有一问题实在是不明白,还请师父一解我的烦恼。"道悟禅师回答道:

"是吗？那你说吧。"

崇信问道："弟子自从出家跟随您，已经数年有余。这些年来，弟子都是做着一些十分普通的工作，一次也不曾得到您的开示，这让我十分苦恼。还请师父慈悲，能够传授弟子一些修道的法要，好让弟子的佛法能够精进。"

道悟禅师听后故作委屈地回答道："小徒弟这话说来，你可真是冤枉师父啊！你仔细想想，自从你跟随我出家以来，我每一天都在传授你修道的心要，你还这样质问我。"

崇信听了以后觉得十分讶异，于是说道："师父，请恕弟子愚笨，无法得知您究竟在何时传授给了我心要。"

道悟禅师回答道："每天只要你捧饭过来给我，我就会吃掉；你端茶给我，我就喝掉；每次在寺庙当中你遇到我的时候向我合掌躬身，我都会向你点头。每天都是如此，我从来没有一日懈怠过，这所有的一切不都在指示心要给你吗？"

崇信听了以后，当下就顿然开悟了。

其实，崇信想知道的心要全都是可以从日常平淡无味的生活当中体悟的，正如我们在平淡之中才能发现真理一样。只要能够用心去发现，生活中也不乏那些让人可以开悟的道理。

六祖慧能禅师的门下有一个弟子，他整天只知道打坐，也不和其他同门交流。慧能禅师看见了以后便问道："你为什么终日打坐呢？"

"我打坐当然是为了参禅啊！"弟子回答道。

慧能听了以后回答说："参禅与打坐完全不是一回事，你这样打坐的话是毫无作用的。"

弟子听了以后觉得无法理解，问："可是师父您不是经常教导我们，无论什么时候都一定要安下心来，不让心迷失，才能清静地观察周围的所有东西，还告诉我们只要一有时间就要坐禅，不可以躺卧吗？"

慧能禅师摇了摇头说："终日打坐，这是在折磨自己的身体，不是参禅。"

弟子越听越感到困惑。

慧能禅师接着说道："禅定，不是一直坐着就可以了，这是行为而不是思想。禅定是要使身心达到一种极度宁静和清明的状态，不为外界的表象所迷惑。保持心灵的清净安定，让心灵能够如同明镜一般，才不会活得愚昧。"弟子这时候躬身问道："那么，该如何才能不被表象所迷惑呢？"

慧能禅师说道："一念天堂，一念地狱。心往善处想，自然就不会被迷惑。而心往恶处念，眼见着的就全是人间的邪恶。应当保持一份平和之心，去看去想。"

弟子终于醒悟了。

感悟

玉和金银的差别在于：金银材质华美，时刻都能引起人们的关注，而玉则是清澈透明，温润无比。玉的光泽含蓄内敛，这样的光泽乍看之下极其平淡，只有在长时间的观察之下，它才会透露出自己的出众。

忍耐的智慧

无论何时，我们都应该要保持清净安定的心态，能够有甘于平淡的心和发现事物的慧眼，不被种种物相迷惑困扰，这样才能发现藏于平淡之中的真理。

没有永恒的快乐和痛苦

佛家认为:"当你快乐时,你要想,这快乐不是永恒的。当你痛苦时,你要想,这痛苦也不是永恒的。来是偶然的,走是必然的,何必怅然,态度使然。"所以,无论我们面对的是什么,都要有随缘不变的心态。其实仔细想来,在我们的生命当中,没有一样东西会永恒存在的,无论是家庭还是事业,总会有改变的时候。所以,快乐还是痛苦,存在都是短暂的。

快乐是什么?它是一种精神状态,是在渴望的东西得到满足以后的一种感受。但是快乐就像钟表上的一个刻度,一旦指针走过它就成为过去。痛苦同样也是这样。

人类的本性就是渴求,对于那些自己所没有的东西会不断追求,所以才会产生快乐和痛苦。但是这样的快乐和痛苦都不会是永远存在的,它们就像是烈日炎炎的时候无意滴落在地上的水珠,很快就会消失不见。

这短暂的过程,你可以尽情享受,但是你一定不能渴望它能成为永恒,因为你一旦渴望,就会在它消逝以后又体会到痛苦。应该保持一份随缘豁达的心态,当它来临的时候,尽情享受;当它消失的时候,保持心灵的平静。

有一天，寺庙的一位禅师下山去参加一个参禅大会。走到半山腰的时候，他看见一个男人站在悬崖边上，便知道这个人想要轻生，于是赶快走了过去。

当走到他附近的时候禅师念了声佛号，问道："施主，这座山的风景还不错吧？每年我们寺庙里都会接待许多前来欣赏风景和拜佛的人。"那人抬眼看了看四周，沉默一阵以后说："是啊，现在才发现风景真的很不错，站了许久都没有注意。"

禅师于是说道："施主，我见你似乎有烦恼，可否对贫僧一言？"那人听后却说："大师，我知道你应该是有智慧的人，可是，我的烦恼你是解决不了的。"说完叹了一口长长的气。

"施主，你看这山这水，瞬息万变。风景既是如此，何况人呢？"禅师说道。这时只听那人将其经历缓缓道来。原来他本是山下一个大钱庄的老板，他的朋友伙同自己的妻子把自己的家底席卷一空，然后跑了。留下了一个很大的烂摊子给他，他备受打击，实在不堪重负，于是想到了轻生。

禅师听完了以后，说："施主，多年以前你的境况如何？"那人回答道："家境普通，每日所获，只能够维持温饱。"禅师说："那么，现在的你和多年前相比，有什么区别？"那人一听，仔细想了想，回答道："区别倒是不大，只是年纪大了很多而已。"

禅师听了以后，笑了笑说："既然如此，施主何必纠结于痛苦之中？只当是做了一个浮华如沫的梦罢了。"那人听了以后，思索一阵，对禅师一番感谢，和禅师一同下山去了。

| 感悟 |

人生是处于无常变化中的，不论是快乐或是痛苦，都不会永久存

在。如果能以平常心看待生活中的一切，也就不会有那么多的失望了。

快乐不长久，悲伤有尽头。快乐和痛苦都是有时效性的，快乐不是永恒，而痛苦也只是一个过程。没有永远的快乐，就像这姣好的月光会在天明之时散去一样，也没有永远的痛苦，就像是暴雨过后天空依旧回归平静。

 |忍耐的智慧|

佛理认为："快乐与痛苦，只在于一念之间。"境由心生，不要因短暂的快乐和痛苦，坏了自己的心情。转瞬之间，快乐和痛苦都将散去。

智者以不变应万变

"以不变应万变"这句话出自禅宗公案,是佛教当中十分经典的思想。在现实生活当中,很多时候我们在事情发生之后,需要的是能够以平静的心态去面对,而不是立刻去据理力争,试图寻一个答案,或者是寻求一种说法。

不要在风口浪尖之上急于做些什么,要告诉自己首先应该冷静下来,不要太过于激动,如果不能冷静下来,就很容易冲动行事,造成不可弥补的伤害。给自己一个时间上的缓冲,这才是聪明的做法。

在发生事情的时候,耐心静候一下,让事情能够沉淀一下,静心观察,以静制动,以不变应万变,以一种置身事外的思维去看清事情发展的顺序,便能够很好地掌握住主动权。

释圆禅师想要建一所寺院,于是四处寻找合适的地方。有一天他来到一个山水十分秀丽的地方。这里空气清新,山水依傍,在此参禅修行他觉得是再好不过的了,于是决定在这里修建寺院。

这个地方不远处有一座道士的庙观,一些道士见到有和尚在这儿修建寺庙,心里相当不悦,他们从内心深处就根本没有办法容下这所佛寺。因此,在寺庙建造好了以后,道士们每天都要施展法术来变一些妖魔鬼怪扰乱寺里的僧众，试图把他们都吓走，好让自己不用和这些讨厌的和尚做邻居。

于是，这些道士一到了晚上就变着法来惊吓那些和尚，不是呼风唤雨，就是呼魔唤鬼，结果后来确实吓走了不少年轻的和尚。但是，作为住持的释圆禅师却一直坚守在这里，并且一住就是十多年，丝毫不畏惧这些道士的惊吓。

到了最后，道士们会的法术都用完了，而释圆禅师一点也没有受到影响。

有人听说了这件事以后就去问释圆禅师："禅师，在面对那些法术时，您是怎么想的呢？"

释圆禅师回答说："他们有高强的法术，我无法取得胜利，坦白说来，能赢过他们的只有一个'无'字。"

那人听后继续追问道："这个'无'字，到底是怎么战胜他们的呢？"

释圆禅师回答："他们是有法术，但是这是有量、有限的；我无法术，这个'无'自然就是无限、无量的了；这个'无'字就是以不变应万变。我身处'不变'当中，自然就能胜过'万变'了。"

感悟

释圆禅师所指的"无"是一种"无论境遇如何变迁，我自岿然不动"的智慧境界，是在面对道士作祟时的一种宽容心态，是一种可以包容万物的广阔胸襟，是一种气定神闲的气度。

如果没有那种"无"的心态、胸襟、气度和境界，释圆禅师便做不到以不变应万变，自然最后让自己的寺庙走向衰败，只能搬离这个寻

觅了好久才找到的好地方了。

面对身边的一切变化,我们应该以"以不变应万变"这样的思想境界来平静看待。"以不变应万变"并不是故步自封,也不是在很多正确的变化下止步不前,而是智者所拥有的一种不随波逐流的生活态度和沉着冷静。

"不变"是一种心态,也是智慧的一种体现。在物欲横流的世界中,能够坚持自我,在变化中保持沉着冷静,用一颗清明的心以不变应万变的心态去应对,自然不会被事情牵着鼻子走。坚持以"不变"去看清楚事物的根本性,才能应对多变的世间万物。

忍耐的智慧

能够做到以不变应万变,才不会在纷乱的环境变化中迷茫。只有在万变之中静下心来思考,才能成为一个智者,成为万变社会当中出污泥而不染的荷花。

烦恼都是自己寻来的

一切的烦恼皆由心生,都是自己寻来的。在这样的情况之下,如果想要消除烦恼,只能靠自己,毕竟解铃还需系铃人。凡事不要一味执著,要想得开一些,烦恼自然就会烟消云散。烦恼是心结,是自己不愿意放过自己最好的证据。愿意放下烦恼的人会觉得一个冰雪纷飞的世界也是一种美好的纯洁;放不下烦恼的人会认为冰雪带来了寒冷,让自己处于烦躁痛苦之中。

有一个年轻人,整天脸上愁云密布,有许多的人从未见过他展颜一笑。他觉得生活让他痛苦不堪。于是,终于有一天,他背负着行囊离开自己从小到大生活的家乡,去寻找解脱烦恼的秘诀。

他走了很远的路,翻山越岭,长途跋涉,鞋子都磨破了好几双,却始终找不到能够从烦恼中解脱的方法,这更是烦恼加苦恼不已。这一天,他来到了一座秀丽的山前,想要翻越过去。在山脚下,他听见了一阵悠扬的笛声,于是顺着声音望了过去,看见在不远处的绿草丛中,一位牧童骑在牛背上,正在吹着横笛,好不逍遥自在。

年轻人看见牧童这样快乐,觉得他能帮助自己,于是赶忙上前去询问:"你看起来无忧无虑,充满了快乐,你能教我如何才能解脱烦恼吗?"牧童回答说:"我只要骑在牛背上,笛子一吹,烦恼就一定会全部消失的。"年轻人听了以后,按照牧童所说的那样试了试,结果一点

用处都没有,他还是十分烦恼。

于是,他告别了牧童,继续往山上走。在一条清澈见底的河边,年轻人看见一个白发苍苍的老人坐在树旁钓鱼,神情悠闲,怡然自得。年轻人像刚才一样,去询问解脱烦恼的方法,老人告诉他垂钓自然烦恼尽失。他试了一下,还是一点用都没有。年轻人谢过老人,继续往山上走。

不久,年轻人看见一个山洞,进去一看发现里面坐着一个老人,慈眉善目,面带微笑,显得很有智慧。年轻人谦逊地走到老人面前,对着老人说明来意,希望能寻求到解脱烦恼的方法。

老人听了以后却笑了,一边笑着一边问道:"烦恼将你捆绑了吗?"年轻人回答说:"没有。"老人于是又问:"那么你是寸步难行了吗?"他回答道:"没有。"老人这时候说:"既然没有捆住你,你又是自由的,那么哪里需要什么解脱呢?"

感悟

在生活中,我们和这个年轻人没有区别,总是为自己找来许多的烦恼,其实这些烦恼毫无必要。

忧虑明天会如何,明天也不会按照你假设的轨道去行走,那么此刻又何必烦恼,浪费精力?一切烦恼都源于人们的内心,用烦恼妨碍当下的心情。

人的欲望是永远都没有止境的,但我们的生命却是有限的,如果整天因欲望而心生烦恼,那又怎能在有限的生命当中享受到美好的一切?

忍耐的智慧

烦恼和生活就像是弹簧的两端,烦恼堆积得越来越多,弹簧就被压得喘不过气来,生活被压抑在最下面,我们也就见不到美好了。为了这些烦恼浪费大量的精力和时间,是相当不值得的。

并非每个人都懂得生命的意义

每一个人都拥有不同的生命历程，有些人庸庸碌碌，有些人努力拼搏，有些人忘情于山水之间，有些人流连在繁华之中……但并非每个人都懂得生命。不懂得生命的人，生命当中包含的一切对他来说就是一种残酷的惩罚；懂得生命的人，生命带给他的就是快乐和馈赠。无论什么时候，要懂得去接受在生命中发生的任何状况，即使是痛苦、磨难，也要坦然去面对，使伤害减至最低。

《钢铁是怎样炼成的》中有这样一段话："人的一生应当这样度过：当回忆往事的时候，他不会因为虚度年华而悔恨，也不会因为碌碌无为而羞愧；在临死的时候，他能够说：我的整个生命和全部精力，都已经献给了世界上最壮丽的事业——为人类的解放而斗争。"

世间存在的万物皆有它自己的生命，只要是有生命，就一定会有属于它本身的价值和意义。生命的价值并非一开始就能够体现，而是要靠自己坚持不懈的努力，才能使生命的价值慢慢体现出来。

三年前，在一个地方举行了一场别样的比赛，参赛的人全部都是残疾人。比赛不设奖项，比的仅仅是看谁能坚持到最后。

在一轮赛跑中，刚刚起跑不久，有一个小女孩不幸摔倒在赛道上。

赛道擦破了她的双手,她并没有就此放弃,而是爬起来坚持继续往前跑。可是刚跑出去不远她又再一次跌倒。短短20米距离,她不知道跌倒了多少回,膝盖早就被血染红,手也破了。终于,女孩因为疼痛开始忍不住哭泣起来。

其他的参赛选手听到了女孩的哭声,不约而同地放慢了奔跑的速度,在并不快的速度中频频回头去看女孩。突然,他们中的所有人都开始转身跑回到女孩的身边,无一例外。

一名因为曾经患有小儿麻痹症导致右腿肌肉萎缩的男孩走到女孩的身边,弯下身子来扶起她,说道:"我们一起走向终点。"说完,其他的参赛选手纷纷走到他们身边,一起手挽着手,重新出发。一个连行走都无法稳当的团队,就这样颤颤巍巍挽着手共同到达了赛跑的终点。

来观看比赛的每一个人,在他们走向终点以后,都十分激动地站立了起来,为这些特殊的参赛选手鼓起了掌,有些人甚至被感动得热泪盈眶,雷鸣般的掌声、欢呼声足足持续了好几分钟。

感悟

人们的心灵深处,其实都明白这样的道理:在我们现实生活中存在着很多比个人得失更为重要的东西。这些不是金钱名利,也不是输赢,而是在我们漫长的生命旅途中,尽自己最大的努力去帮助别人的行为。

时间就像是白驹过隙,转眼就成为过去,能在有限的时间内,将生命的意义发挥到极致才是最值得去做的事情。生命会有走向末端的时候,那时候回想起来,如果没有什么值得自己骄傲的事情,是相当遗憾的。

也许有很多人都思考过这样的问题:生命的意义到底是什么?这个

问题也是人类的一个永恒命题。所有的人都会问这个问题,但是,不是所有的人都能找到问题的答案。我们活到现在到底是为了什么,所谓的生命价值又是什么?没有人可以轻易回答出来,但是起码的生命是平等的,只有好好地活着才能了解到生命的全部意义。

生命只要还存在一天,就应该努力去实现生命的意义和价值,去做自己认为是对的事情,去完成自己的梦想,也去构建自己的未来。生命会在适当的时候,给予我们一些深刻的警醒,提醒我们应该要明白它的价值,提醒我们不要在安稳之中忘记寻找它的意义。

 | 忍耐的智慧 |

在我们有限的生命中,用我们所拥有的东西,去挖掘生命的价值,去努力实现它的意义,我们这一生才算没有白活。

天助自助者

古人常说:"自助者,天助之。"这是人们在无数次实践后得来的经验。这与《周易》乾卦中的"天行健,君子以自强不息"有异曲同工之妙,它告诉我们一个道理——凡事都要靠自己。

古往今来,在面对困难的时候,那些能够历史留名的人首先想到的一定是靠自己去战胜困难。正所谓求人不如求己,很多时候我们应该端正自己的心态,遇事不要怯懦,要敢于去面对,相信自己能够有克服困难的能力。

有的人在遇到困难的时候首先就是期望得到别人的帮助,哪怕是在别人面前低三下四、颜面尽失也觉得无所谓。尊严和面子对于他们来说一文不值,宁愿丧失自我,也不愿靠自己的努力去争取去面对。

有这样一个人,他家里突然飞来横祸。有一天夜里,他家中突然起火,偏偏那夜里的风还不小,火势乘风而起,顷刻间他平生积攒的万贯家财化为灰烬。他的妻子于此一病不起,神情也变得呆滞。

他平时的那些朋友得知他如今的境况,全都敬而远之,没有人愿意帮助他,他很绝望,于是,便去寺庙里求拜观音。

他清晨出发,一直走到晌午才来到寺庙门前。他走进寺庙里,到观音像前准备求拜的时候，发现观音像前的蒲团上已经有一个人跪拜在那里，看起来很是虔诚。起初他并没有在意，只是默默站在一旁静候着。他等了好一会儿，那人仍然没有起来的意思，出于好奇他就走过去看看，这时他才发现，观音像前面的那个人，竟然和那尊观音长得是一模一样，就连鬓角都是分毫不差。

他顿时激动起来，就连声音都开始颤抖起来，他觉得这是上天的恩赐，能够让自己的困难得到解决。他结结巴巴地问道："你，你……是观音吗？"跪着的人抬起头来，看着他答道："是的。"他听了以后反而感觉到困惑了，问："你既然是观音，那么为何还来这寺庙当中拜自己？"观音听了以后笑着对他说："我来此跪拜当然是因为我遇到了难事。可我很清楚，求人不如求己。"

那人听了以后，跪下感谢了观音，然后下山去了。

感悟

"求人不如求己"，说的是"自助"。即只有依靠自己的力量去帮助自己走出困境的人，才能得到上天的庇佑。无论是什么样的境况，都千万不要自卑，不要放弃任何希望，要以"自助"的心态，从容面对，坦然生活，相信自己遇到困难可以解决。"自助"是一种积极的生活态度，是以乐观向上的精神，肯定自己的价值，努力去改善现在的困境。

"天助"不是什么上天的垂爱和恩赐，寄希望于此太不切实际了。"天助"应该是得到"贵人"的帮助或是好的机遇，但只有能够"自助"的人，才能够得到"天助"。真正的自助者会相信自己，肯定自己的能力，以乐观的心态去面对生活。

机遇就在自己努力的过程当中，会得到别人的理解、欣赏、指点和

帮助，生活中的转机也因此呈现，自身努力的过程也是一个转机的过程。很多人并不是处在只想要依靠他人、不可救药的地步，而是首先就否定了自己。身处困境之时，与其渴望别人的帮助，不如先放弃这些不切实际的假想，因为这个世界锦上添花的总是会比雪中送炭的多，想要得到别人的帮助，先要"自助"，让别人看到你值得他来帮助。

| 忍耐的智慧 |

遇事不要首先渴求别人的帮助，而要坚信自己有克服困难，走出逆境的能力。只有自强不息，能帮助自己的人，才能得到他助。

第八章

多忍耐，拒绝抱怨：感谢给你逆境的众生

许多人在面对逆境痛苦的时候，诸多抱怨，甚至心生怨恨。佛家讲究因果，你现在所遭遇的逆境和痛苦，都是因为前世所造的孽。所以你应该感谢给予你逆境的众生，他们在帮助你消除业障，而你只需要从抱怨之中走出来，静心忍耐一切的不如意，就能摒除恶念，提高自身的心力。

不要指望别人,能解救你的只有自己

人生来都是自由的,而自由不仅意味着行动可以按照自己的意愿,也意味着这所有的意愿背后的结果都是需要自己承受的。或许你会遇到有人帮你的时候,但是帮助毕竟是有限的,不可能帮你完成所有,最终还是需要你自己去解决。

你不能指望天上会掉下馅饼来,也不能指望他人事业有成以后会对你有所帮助,不能指望在绝望的时候会有神仙来拯救你,不能指望在跌倒的时候有人扶你一把……不是每个人都时刻准备着为你服务,即便是你最亲的父母,也会有他们自己的烦恼和困苦,是不会帮你一辈子的。

每个人都是自己第一责任人,所以不要去指望别人。你想要好的生活就要学会自己努力,你想要晴天就要自己去拨开乌云,你想要花园就要自己播种。不要像是藤蔓一般去依附别人生存,把所有的希望都寄托在别人身上。

一颗高大的松柏矗立在森林里,十分显眼。松柏的树干上爬满了一种植物叫茑萝。茑萝身体又细又柔软,就连叶子也像松柏一样,丝丝细密犹如小刷子一般,唯一不同的就是茑萝的叶子和它的身体一样柔软。

春天到了,森林里的花草树木都生长起来,开出了艳丽的花朵。茑萝也是一样，在它嫩绿色的身躯上，赫然挂满了鲜艳的五色五角星花。慢慢地，茑萝的叶子变得茂盛，花谢之后还结了漂亮的果实。

一天，一个迷路在森林里的人走到松柏下，他在饥渴难耐间看见了茑萝上挂着的果实，于是摘了一些果实吃了起来。"这果实酸甜可口，样子也十分诱人，真是漂亮啊！"他吃完以后，不禁夸赞起茑萝来。茑萝听见有人夸奖自己，十分得意，还忍不住向松柏炫耀。松柏见状，什么也没说。

后来有一天，森林里又来了一个人。这人是一个木匠，背着自己的斧头慢慢向它们走来。他看见了被茑萝缠绕的松柏，走近打量一番后说："这棵树树干笔直，年份也合适，拿来做房梁正好。"于是木匠拿起斧头开始砍树。茑萝听见砍树的声音，十分害怕，它心里想："他砍树的话，那我也活不了了！"它想离开松柏，可是却没有办法，因为它平时依附着松柏生长，自己的藤蔓早已经把松柏裹得紧紧的，现在想离开也做不到了。

那斧头不仅是砍在树上，也砍在了茑萝的身上。不一会儿，木匠就把松柏砍倒，而茑萝也随着松柏倒下了。有人听了这个故事后说："茑萝遭遇横祸，只怪它自己不愿独自生长罢了。"正是因为茑萝依附着松柏，才会随着松柏一起走向死亡。

感悟

生死难以预料，祸福无法揣测。我们总会有独自面对这个社会的时候，那时候也许会遭遇不幸，也许会遇人不淑，也许会错失机会，也许会失去健康。可是即便是遭遇这一切，也不要奢望别人给予帮助，既然活着就要靠自己去面对。现实生活没有那么完美，也不是童话世界，更

不会有假想中的平顺。每个人注定要经历各种苦难,面对输赢和得失,看遍世间坎坷。

从来就没有什么救世主,也不靠神仙皇帝。要创造人类的幸福,全靠我们自己。所以,人必须自己有面对一切的勇气和信心,遇到事情不要去指望别人。

|忍耐的智慧|

痛苦是生活的一部分,一个人想要远离痛苦就必须学会自立自强。要树立正确的人生观,坚信自己的能力,坚信自己能在逆境中创造一切可能,坚信苦难也终会过去。

谁说你一无所有？你看这满屋的月色

《道德经》第四十四章中有这样一段话："名与身孰亲？身与货孰多？得与亡孰病？甚爱必大费，多藏必厚亡。故知足不辱，知止不殆，可以长久。"第四十六章还有这样一段话："天下有道，却走马以粪；天下无道，戎马生于郊。罪莫大于可欲，咎莫大于欲得，祸莫大于不知足。故知足之足，恒足矣。"其实这些话围绕的主题无非就是两个字——知足。

知足并不仅仅局限于因为满足而得到快乐，如果是对于生活比较消极，即便是安于现状，也不会有长久的快乐。老子在《道德经》中告诉我们：欲望无度，要清楚知道何时该终止欲望，欲望过度会带来怎样的后果。

现代社会竞争越来越激烈，打着知足的旗号以消极的态度去面对竞争，是十分不可取的。竞争推动社会发展，面对竞争我们应该保持着积极的心态。以知足常乐去看待事情，这样才不至于在竞争中迷失自我。

知足能使人内心得到平静，行事能够洒脱超然。如果一个人对待名利能够知足，就会发现很多美好之处。知足常乐是人生的最高境界，达到这种境界，就不会为金钱迷失自我，不会在利欲之中丢弃珍贵的东西。

在一座山上有一间小的寺庙，香火也算鼎盛，所以和尚们过得还算轻松。有一天早上，他们在饭堂用膳，其中有一个小和尚，他坐下以后，发现自己的师父碗里有5个馒头，而大师兄的碗里也是5个馒头，他看了看自己的碗里，却只有3个馒头。

小和尚心生埋怨，他认为太不公平了，凭什么自己就只有3个馒头，而师父和大师兄却都是5个馒头？于是小和尚抬起头来对师父说："师父，我也要5个馒头。"师父听见后却问道："你要这么多，能吃完吗？"小和尚听到师父这样怀疑的语气，心里更是不舒服了，于是大声回答道："我能吃完，师兄都能，我也肯定能。"

师父看见小和尚这样，知道他心生不满，于是没再说什么，从自己的碗里拿了两个馒头递给了小和尚。小和尚拿了馒头以后，就开始吃了起来。不一会儿，小和尚就将碗里的5个馒头全都吃完了。

吃完以后，小和尚显得十分高兴，他摸着肚子对师父说："师父，你刚才还说我吃不了，你看看，你给我的我都吃完了，一点都没剩下，以后每天早上我都要吃这么多馒头！"师父听了以后，却笑了笑，然后对小和尚说："你现在还是不要太早下结论，明天你要吃多少馒头，还是等等再说吧！"说完后，师父就回禅房去了。

小和尚像往常一样去准备挑水打扫念经，虽然觉得肚子胀，但想着一会就消化了，他也就继续打扫了。可是他总感到口渴，不断地喝水。水越喝越多，小和尚的肚子比刚才更胀了，一会工夫，就开始难受起来。

这时，师父路过看见了，对小和尚说："你比平时多得到了两个馒头，可是你却并没有因此得到好处，反而现在让你这样难受。不要总是去与别人相比，不贪，懂得知足，自然能够常乐。"

小和尚听了以后明白过来，于是对师父说："师父，我懂了，知足者才能常乐，所以我还是要3个馒头就好了！"

 | 感悟 |

《佛所行赞》卷五说："富而不知足，是亦为贫苦。虽贫而知足，是则第一富。"无论生活是清贫还是富贵，只要懂得知足常乐，自然会有另一番美景呈现在眼前。知足常乐不是懒惰和平庸的借口，而是一种心态，一种可以坦然从容面对一切的心态。环境并不会为谁而改变，可是如果不能改变自己的心境，就会觉得处处不顺心了。

很多人总是把自己与他人相比，觉得自己很不幸，其实在生命中有很多比我们更不幸的人，他们或缺失健康，或穷苦潦倒。很多事情只要换个角度想，就不会有那么多烦恼了。我们能有如今的生活，应该感到知足和幸福。

知足常乐会让我们避免许多不必要的烦恼和痛苦，也不会有那么多怨天尤人和感叹命运不公，它会让我们以一种坦然面对的心态去坚强奋斗，创造自己的天地。

 | 忍耐的智慧 |

《八大人觉经》中说："多欲为苦，生死疲劳，从贪欲起，少欲无为，身心自在。"坐拥天下之财也未必能得到快乐，还不如得一分坦然来得自在。知足少欲之人，即便身处陋室，也能得满屋撩人月色。

从磨难中感悟人生

佛法认为："有生皆苦。"人只要一出生，就会遇到各种各样的磨难和痛苦。痛苦对于人来说也是一种动力，经受住了痛苦的磨难，成为强者，经过苦难的修行和洗礼，才有大彻大悟的灵魂。

磨难其实是人生的一笔非常珍贵的财富，只有历经曲折和磨难，在逆境中不断历练自己，懂得这笔财富的可贵之人，才会把自身的价值创造到最大。

苦难的逆境，让脆弱的人变得更加不堪，但却让内心强大的人变得更加坚韧。那些看似致命的打击和挫折，才是锤炼我们最好的利器。

历史上的帝王将相，但凡能被后世景仰的，都是经历过磨难的。而我们现实生活中的有大成者，也都是从逆境之中走过来的。

唐朝时，有这么一个和尚，他自小出家。每天在寺院中都要担水劈柴、打扫寺内卫生，做完早课之后，他还要独自去寺庙后面的市镇购买寺中每日所需用品。就这样勤勤恳恳地工作了十年。

有一天，小和尚做完工作以后有了一点闲暇时间，便到别处与其他师兄弟聊天。这一聊他才知道，只有他一人每日这样忙碌，别人都十分清闲，哪怕是被分派下山购买物品，也不像他那样要去寺庙后面的市镇，而是去山前的市镇，路途近且道路平坦，购买的东西也都是些轻便的。但是十年来，方丈却从未让他去过山前的市镇，一直都是让他去寺后的市镇，这个市镇不仅要翻越两座山，而且道路十分崎岖，行走起来相当不易。于是，小和尚跑去问方丈，方丈却只是低吟了一声佛号，什么都没有和他说。

第二天，小和尚又被方丈派到寺庙后面的市镇去买米。中午的时候，小和尚扛着一袋大米从后山回来了，却发现方丈在后门那里已经等候他多时了。方丈让那他将米放下后，就把他带到寺院的前门。方丈什么话也没有说，就一直坐在那里闭目养神。

日暮之时，天色渐渐变黑，山路上出现了几个小和尚，一路说笑着往寺庙走来，当他们走到门前看到方丈时，一下愣住了，他们没想到方丈会在这里等他们。这时，方丈睁开眼睛，问道："我一大早便吩咐你们去山前的市镇买盐，为什么到现在才回来？"

几个小和尚这时候也有些心虚了，回答说："师父，我们一路看着风景，欣赏着山水的美好，谈论一番就到了现在，但十年来每次我们都是这样买东西的呀！"

方丈转过身来又问身旁的小和尚："到达寺后的市镇需要翻山越岭，山路又十分崎岖，比起山前的市镇，要远得多，而每次你又扛了那么重的东西，为什么你却能回来这么早？"小和尚说："十年了，路况我已经铭记于心了，也养成了习惯，道路虽难走，但只要心里想着早去早回，自然就能走好了！"

几个月后，寺里开始考核众僧，体力和悟性都在考核范围之内。小和尚由于这十年来的磨砺，所以在考核中取得了优异的成绩，最后被派往天竺求真经。

感悟

在磨难到来的时候,我们应该有一个正确的心态,只有这样才会得到充分的锻炼。只要我们正确认识磨难,就会发现,它并没有假想中那么可怕,相反却是取得成功的关键,只有克服了这磨砺中的困难,才有取得成功的可能。

逆境就是一把钥匙,它能让我们的潜能充分展现出来,超越自己,获取更大的成功。因此,遇到逆境,不要抱怨,不要绝望,要学会感谢逆境,因为它的到来,我们将成长为更强大的人。

人生的逆境是谁都会经历的,这时候不应该去抱怨命运的不公。不要只看到磨砺带来的痛苦,只有经受住,才会在风雨后看到彩虹。

忍耐的智慧

磨难会让人感觉到痛苦,但与此同时,它也锤炼了人的心智,让人变得坚毅。有磨难就少不了痛苦的伴随,而人只有在痛苦中才能蜕变、成熟,乃至大彻大悟。

与其抱怨连天，不如多一分投入

生活不可能一帆风顺，常有不如意的时候，有些人面对这些不如意，会怨天尤人，但是这并不能解决什么问题。与其抱怨连天，不如多一分投入做实在的工作。

很多人在遇到麻烦的时候总爱抱怨，不是抱怨现实不公就是抱怨运气不佳。如果只知道抱怨，不仅浪费了时间和精力，还会消磨掉做好事情的决心，所以，与其浪费时间去抱怨，不如反省，总结经验和教训，这样不但可以避免犯同类型的错误，把时间和精力投入到工作中去，为取得更好的成绩打下基础。用心去投入工作，会比抱怨有用得多。

佛陀外出云游，路过一个繁华的市镇，他看见了一位诗人。这位诗人十分年轻，外表英俊，衣着华丽富贵，家中有着一位娇妻，大方贤惠，还有一个爱子，聪明伶俐。即便是拥有这样人人羡慕的生活，可是诗人总觉得自己不幸福，与朋友相比，自己的生活一塌糊涂，所以逢人便抱怨上天的不公。

于是佛陀来到诗人的身边问："你现在的生活不是你想要的吗？那有什么我可以帮你的吗？"

诗人抬起头来看了看佛陀，根本没觉得他会对自己有所帮助，于是

漫不经心地回答说："我想要的不多，可是你给得了我吗？"

佛陀说："凡是你所求的，我都可以满足你。"

诗人虽见他这样坚定，可是依然心存怀疑，只得试探性地说："既然你能给我，那么我要得到幸福！"

佛陀听后笑了笑说道："这样简单的事情，我给你就是了。"

说完这句话，佛陀便施展佛法，顷刻间，便将诗人拥有的一切全部拿走：让他变得老迈且患有病痛，他的容貌不复存在，生活穷困潦倒，再也无法写出美妙的诗歌，而他的妻子和孩子也不存在。做完这些事情，佛陀便离开继续云游了。

就这样过了一月，佛陀云游回来，再次来到诗人身边。佛陀见到诗人的时候，他已经饿得没有力气，瘫倒在地上不断地呻吟，濒临死亡。于是佛陀再次施展佛法，把夺走的那些东西再次还给了他，之后便离开了。

当佛陀一个月以后再次去到那个市镇的时候，诗人已经变得完全不一样了：他幸福地搂着妻儿，对待生活也不再抱怨。

感悟

生活中，我们有太多的人像那位诗人一样，本身已经拥有了人人羡慕的生活，还觉得自己不如他人，不知道享受身处的幸福，只知道去抱怨生活的不公。

爱抱怨的人总说生活太累，因为他们只看见了自己的付出，却未看见自己的收获。而不抱怨的人就算真的非常累，也不会抱怨生活和工作，因为他们明白"有得必有失""知足方幸福"的道理。

|忍耐的智慧|

人都有缺点，没有人能做到十全十美，甚至有些人还有天生的缺陷，但对于既定的事实，我们就要去接受它，并积极地面对它。

改变不了大环境，可以先改变自己

自然发展规律告诉我们：物竞天择，适者生存。一个人只有不断调整好自身，去适应环境，才会有好的发展前景，而不应想着让环境去适应自己。在适应的过程中，找寻到方法，才能更好发挥自身优势。

美国前总统林肯说过："命运是掌握在自己手中的，如果现实的环境自己改变不了，就要学会改变自己。"如果无法让环境跟随自己的意愿发生改变，那就只有努力去改变自己，才能在外界的变化与发展中生存下来，不至于被社会所淘汰，也才有创造辉煌的机会。

环境也许会十分恶劣，竞争也许会十分激烈，但这些都不会因为你的抱怨或是希望就发生改变。这时候应该调整好自己的心态，尝试着改变自己，去适应所处的环境。抱怨现实的环境是愚蠢人的行为，聪明的人会让自己改变，适应环境。

主动去适应环境，通过自身的改变和认真的思考，想出应对措施，才有可能会有成功的机会。现实中的环境不可能尽如人意，有时候总会带给我们一些挫折和困境，如果不思进取，只知道埋怨的话，结果反而不利于提升自己。

有一个人总是觉得自身才能无法得到发挥，没有伯乐发现自己，郁郁不得志。他的一个朋友告诉他在南边有一座寺庙，里面的住持精通佛法，可以去寻求解脱的妙策。

有一天，他实在无法忍受了，于是去到了那个寺庙，找到朋友口中的住持。住持听完他所说的之后，带他来到厨房之中，接着从水缸里舀起一碗水，问："你看这碗中的水是什么形状？"这人看了看，又想了一会儿，摇了摇头说："这碗中的水并没有形状啊，住持你是在说笑吗？"

住持听闻，并没有说话，然后又把碗里的水倒入瓷盘中。这人看见住持的动作以后，恍然大悟地说："这回我明白过来了，水的形状像瓷盘。"住持听了以后还是没有说话，紧接着又把瓷盘中的水倒进了一旁的醋瓶里。这人觉得自己十分聪明，又回答说："这一次水的形状像醋瓶。"

住持轻轻摇了摇头，将醋瓶拿了起来，走到房门之外，把醋瓶里的水倒入一个花盆之中。只见那醋瓶里的水缓缓流入泥土之中，然后消失了。看着这样的情况，这人开始思考起来。住持将湿润的泥土递给他，意味深长地说："水这样消失，也是它的命！"

住持的话让这人陷入片刻的沉思，他抬起头来对住持说："多谢住持的开解，我明白您的意思了。您让我看的这一切都是想要告诉我，身处的环境就像是那些容器，各种各样的形状都有，人应该像水一样，身处何种容器之中就该有什么样的形状。人无法像环境一样留存，就像这水一样，总会有消逝的时候，一切都已经注定了！"

说完这些话以后，这人以为自己已经领悟颇深，希望得到住持的肯定。住持微微笑了笑，说："既是如此，又不是如此！"说完，住持带他来到了大殿的门口。

在屋檐下，住持蹲下身，让他看青石板上一个凹下去的地方。他不

明白住持的意思,也不知道这个凹陷的地方有什么好看的。住持说:"每到雨天的时候,雨水顺着屋檐从边角滴落下来,长此以往就形成了这个凹痕。"

此人听见后忽然大悟,说道:"住持,我这次算是明白了,人若是可以像这水滴一样,坚持不懈,那么不但能够适应环境,还可以具有改变环境的能力。"住持说:"是这样的,这个凹痕经历长久的击打,最终会成为一个深坑的。"

这人离开寺庙,回到社会上之后,终于有了一番作为。

 |感悟|

外在的社会就好比故事中的容器一样是有形状的,人如果想要生存下去,不被抛到这个形状之外,就必须要改变自身形态以适应容器的形状。环境不是面团,你想要什么形状都可以去塑造,关键还是要先去适应,才会有可能如愿。

|忍耐的智慧|

爱尔兰著名剧作家萧伯纳曾经说过:"一个理智的人应该改变自己去适应环境,只有那些不理智的人,才会想去改变环境适应自己。但历史是后一种人创造的。"这不仅是理智,还是智慧。人必须先摆正自己的位置,明白环境和自身孰轻孰重。只有这样,才能创造自我价值,有实现自我、突破自我的可能性。

退一步海阔天空

有一句谚语说:"忍一时风平浪静,退一步海阔天空。"在没有触及原则性的问题时,以宽容之心对待他人的过错,能够懂得反省自我,做出退让,就能减少犯错的机会。很多时候,失败和后退都只是暂时的,是给自己一个缓冲,一个厚积薄发的机会。

在现实生活中,一些失败和退让都是让人历练,让人总结经验,为下一次的进步积蓄能量。在为人处世上,人要有十足的气魄去退让,懂得以退为进。

明朝的时候松江知府赵豫十分有名,他友善待民,为人处世也深得朝廷的赏识。

在任职期间,他有一个"令人费解"的处理事情的方法,人称"明日办"。每每有人来到堂前打官司,如果不是很急的事,他都会告诉那些人说:"今日不便处理事务,请明天再来。"

时间久了以后,松江民众都知道他有这样的一个习惯。众人皆以为他是因为懒惰,做事拖沓不愿及时处理,甚至编了"松江知府明日来"的童谣让孩子传唱,他也被人当作茶余饭后的笑料来谈论。

一日,赵豫路过集市,听到孩子们在街边唱讽刺自己的民谣,但见

他只是笑了笑便离开,并未计较。

就这样持续一段时间后,他的夫人听到后有些气愤,于是到书房说:"有人编着歌谣来辱骂你,这样虽有损你的威严,但是事情拖沓到明日再办,这也有损名誉呀。"赵豫听后并没有生气,反而温和地向她解释了为何要明日再办的缘由:"很多前来堂前诉讼的人,并不是非要打官司不可,只是因为一时的愤怒。能够在他们激愤的时候,让他们有退一步思考的时间,再加上他人的劝解,自然就平息了怒气,也就减少了很多的纷争。"

感悟

赵豫宁可损害自身的名誉,也要为他人考虑,实乃大善大智慧之人。这个故事将"退一步海阔天空"表现得淋漓尽致。凡事懂得退后一步,让事情能够平和发展下去,缓和因为情绪造成的过激反应。

赵豫的"明日再来"这种处理方法,应用到现实生活中也即所谓的"冷处理"。

忍得一时的委屈,懂得退让,才能享受永久坦然的生活。当发生一些不好事情的时候,倘若能够退一步冷静思考,心自然会海阔天空。在实际生活中,永远是天外有天人外有人,总会有人比你更加极致,与其纠缠不休,倒不如忍一时之气,退让一步另觅蹊径。

忍耐的智慧

古往今来,能永留史册的人大都懂得以退为进之法,也正因为如此,才能让后世景仰。一时处于低势,并不代表就一辈子都身处于此。

做一株谦卑的稻穗

文学家、思想家鲁迅曾经说过:"劳谦虚己,则附之者众;骄慢倨傲,则去之者多。"意思是说做人应该在很多方面都谦卑一些,把自身的姿态放低,才能增加自己的凝聚力。

我们在现实生活中,应该学会变通,要低下头来,学会承受和妥协。低头并不是说就低人一等,也不代表妄自菲薄,它就是值得让人称颂的谦虚和谨慎。

学会低头,就是弯下身躯,放低姿态,及时纠正自己的错误,或者说低调处世。就像在陷入沼泽的时候,知道及时从那里面抽离出来,并以此为警醒;就好比是在被大雨淋湿以后,知道脱下湿的衣服,并换好干净的衣服一样。

有一位名人曾经说过:"低头是需要勇气的。"在明知是输的情况下,就不要因为执迷不悟而错失未来赢的机会,但偏偏有些人就是不愿低头,倔强到底,结果就是一直输下去,直到一无所有。

当冬季雪花落满了松树的枝丫,它会懂得向下慢慢弯曲,因为这样的弯曲可以让积雪从树枝上滑落,从而免除折断的后果。小草被巨石压在下面无法继续生长,于是它选择改变了方向,从石隙中选择生命的轨迹。

　　大自然都在教我们要懂得低头，学会弯曲，这种就连树和草都懂得的道理，人为何不明就理？人生在世，压力总是会时刻涌来，我们需要承受那是必然的，但是承受也是有极限的，当压力强大到会造成伤害的时候，我们就应该像雪松那样暂时弯曲自己，以免被压垮，在面对艰苦困境的时候，就应该像小草那样，学会改变自己的轨迹，以便让自己更好的生存。

　　古时候，有一个禅师十分有名，他所在的寺庙弟子众多，香火也相当鼎盛。他为了让自己的弟子能得到历练，于是派他们到各地去独自修行，好让他们能够对佛法有所悟道。

　　其中一个弟子，去到一个很艰苦的地方，在经过一番苦修后，练成了一种能够在水面上行走的绝技，他好不得意，逢人便展示，好让别人能够夸奖他一番，对他产生崇拜之情。

　　在回到寺庙以后，他仍旧是这样，在其他同门面前讲得眉飞色舞，还演示给众位师兄弟看，甚至在禅师面前还洋洋得意地问道："师父，你看，我是不是很厉害呀？这可是我努力而来的结果。我觉得师兄弟们都该向我学习学习。"禅师听了以后一言不发，对这件事也没再过问，任由他继续吹捧着自己。

　　有一次，禅师带着大家来到河边叫了艘船，领着众人一起坐着船到对岸。大家对于禅师的行为都很费解，不知道他这样做的意图是什么。等船划到了对岸，众人安全下船以后，禅师转过身来问船家："这渡船过河需要多少钱呢？"船家回答道："不贵，不贵，三块钱就够了。"

　　这时，禅师微笑地对着那位因为会水上行走而心高气傲、处处显摆的弟子说："年轻人，让你引以为傲的本事和这渡河一样，也不过值三块钱而已。"那位弟子听了禅师这样说之后，顿时满脸通红，内心羞愧不已。

从那以后，那位弟子努力地学习，从各方面培养自己的品德和修养。没过两年，他就成为一位谦虚并且很有才能的人，还被禅师推荐成为一次佛法大会的寺庙代表。

| 感悟 |

谦卑并非是无底线、无尊严的妥协，而是在面对自身不足的时候，懂得以谦卑的姿态去学习，不骄傲不自满。很多时候我们谦卑是为了锻造更好的自己。弯曲不是自我尊严的践踏，而是以谦卑的态度去虚心学习，也给予自己一个更好的锻炼机会。学会弯曲，也就能以一种积极的心态去面对一切。

稻穗之所以会低头，是因为有着饱满的稻谷，那些一直高昂头颅的稻穗，大多都是空心的。一个人有智慧才会懂得谦卑，才会懂得低头。

《尚书·大禹谟》中说道："惟德动天，无远勿届，满招损，谦受益，时乃天道。"过分的骄傲自满定然会招致损害，只有谦逊虚心才能得到益处。

其实我们生活当中，大多数的人能够同情弱者，并按自己的能力给予弱者一些适当的帮助，但是面对比自己强的人却很容易产生敌意，特别是面对那些有能力但是张扬跋扈的人。所以，为人处世一定要懂得谦卑，千万不要过度张扬。

成熟的稻穗总是低着头，昂头随风张扬的那是稗子。做人也是如此，只有那些没有什么真才实学的人，才会渴望得到别人的崇拜和夸奖，以此来满足自身的虚荣心。

谦虚的人之所以谦虚，是因为懂得谦虚使人进步的道理。谦卑，能

够让人完善自我。低调、内敛，人只有这样才会在时间的沉淀之下，成为饱满的稻穗。所以，这样的人他永远不会傲慢、自负，因为傲慢和自负是毒药。

忍耐的智慧

懂得谦卑的人自身有一种忍耐力，这种忍耐可以在铺造成功之路的时候，将所有阻碍的石头都变成路基。这样的忍耐不仅是一种修养，更是获得成功的必备品德。

第九章

懂包容，心宽即喜：水至清则无鱼

海之所以能成为海，是因为它有容纳百川的气度。包容是一种美德，也是一种博大的胸怀。包容他人的缺点，包容他人的过错，包容他人的不足，才能让自己有宽阔的胸襟去笑对生活。

包容他人，对己对人的无上福音

　　林则徐在两广总督府里写下对联："海纳百川，有容乃大；壁立千仞，无欲则刚。"大海因为有容纳百川的气量，所以才成为大海，做人也应该如同大海一样能包容异己，只有这样才能拥有高尚的人格。在为人处事的时候能多一分包容谦让，就能让自己未来的道路少一分障碍和不平。能够包容对方无心之失，就能得到别人的感激和尊重。

　　善于包容的人能够感受到生命的美好之处，不管遇到的是艰难还是困苦，是猜疑还是刁难，他们都会以一颗包容的心去坦然面对。这样的人才不会被情绪左右，不会让眼睛被蒙蔽。

　　马克·吐温说："紫罗兰把它的香气留在了那踩扁自己的脚踝上，这就是包容。"这是紫罗兰的包容，也是它的气度。植物尚且能够如此，何况是人呢？包容并不是面对别人错误的时候任其发展，也不是懦弱怕事一味忍让。包容是一种涵养，是一种能容纳百川的胸襟。包容是一种力量，是能够让人自省，以积极乐观的心态去面对生活的力量。

　　包容他人的不足之处，是自身肚量的修行。包容他人的过去，别人自然能以感激之心对待你。心中有路自然宽，在心里铺一条大道给别人通过，走的人多了，自己的道路也就更加平整通畅了。

很久以前，有一位老禅师，他座下弟子众多，皆是很有慧根之人。一天，寺庙里新来了一个小和尚，这个小和尚很聪明，唯一的不足就是很爱抱怨。无论事情的大小，只要是对他来说不顺心的事情，他都喜欢抱怨。

刚开始的时候，师兄们听到他的抱怨以后，都让着他，可是时间久了，师兄们就都躲着他了，不愿意和他再交谈些什么。于是，禅师决定要开导他一番，让他能够有所改变。

有一天，禅师叫来这个小和尚，吩咐他去集市买一袋盐，回来以后，不要把盐放到厨房，就直接拿到他的禅房里来。

中午时分，禅师等到小和尚回来后，拿起了一个杯子，往里面倒了一些水，吩咐他抓一把盐放到杯子里去。等了一会儿后，盐在水里溶化开来，禅师便让小和尚喝一大口。小和尚听了禅师的吩咐后，拿起杯子仅仅喝了一小口后，立刻皱起了眉头，连吞咽都没办法做到，直接跑到门口去全部吐了出来，然后拿清水一直漱口。禅师问："味道如何？"小和尚答道："实在是咸得让人受不了，师父你怎么会这样愚弄我呀？我并没有做错什么事啊。"

禅师听了以后没有再说什么了。他随后带着小和尚来到一条很宽阔的江边，又吩咐小和尚把刚才剩下的盐全部撒进江水里，然后吩咐说："现在你再来尝尝这江水，看看是什么味道。"小和尚蹲在江边，轻轻捧起江水尝了尝。禅师这时候问道："现在怎么样了？""甘甜无比。"小和尚满脸笑容地回答。

"刚才你在江水里面放了那么多的盐，现在可有尝到一点咸味吗？"禅师问道。"没有。"小和尚答道。禅师微笑着对小和尚说道："生命中我们总是会遇到像盐一样的事物或者人，决定咸淡的根本，就是盛它的容器。"

小和尚顿时明白过来，为自己以前的行为感到羞愧不已。

感悟

爱抱怨的小和尚在禅师的开导之下，明白了何为包容。生活中总会遇到各种"盐"，就看自己是愿意做那只杯子里的水，还是愿意成为那一江春水。

生活中烦恼与痛苦是不可避免的，关键就在于我们能否有一个宽广的胸怀，让这些痛苦在我们的胸怀之中消融无形。有一些人总是不愿意把过去的那些困扰放下，就像是在这杯子当中放了越来越多的盐，最后还得自己全部吞咽下去，自己品尝咸到苦涩的味道。

我们应该放下那些不愉，包容那些不足，甚至是一些对我们的伤害，让心灵回归"本来无一物"的境界。

忍耐的智慧

包容是一门博大精深的艺术。用包容去对人，别人也会包容你。无论是在人际交往中，还是在爱情的道路上，包容都是极其重要的。只有领略到了包容所带来的好，才能出自真心去行包容之举，真正地拥有那份宽广的胸怀，得一份坦然，活出真正的人生。

化解仇恨，将心中的鲜花赠予仇人

《入菩萨行论》中有："故于害我者，心应怀慈悲，慈悲纵不起，生嗔亦非当。"对于那些伤害自己的人，内心应该怀有慈悲；即使没有慈悲之心，亦不能对他人心生仇恨。

《生命的空隙》中有句话："当一个人抓起泥巴想抛向别人的时候，首先弄脏的应该会是他自己的手。"仇恨就和这泥巴是一样的，你还未抛向别人，就先脏了自己。仇恨使人泯灭了良知，同时也让人失去理智和善良的本性。仇恨让人变得心胸狭隘的，让人逐渐变得自私、冷漠起来。

一个心中充满仇恨的人，他看不见美好，只能沉沦在无尽的痛苦当中，不是自我折磨，就是进行疯狂的报复。其实，人多少应该有点"不念旧恶"的精神，这样才能利人利己，别人看见你的宽容大度，反而会心生愧疚，而你能够既往不咎，才能从仇恨的苦痛中走出来，拥有自己的美好未来。

佛家有一首诗："慈心一任蛾眉妒，佛说原来怨是亲；雨笠烟蓑归去也，与人无爱亦无嗔。"心念着善良，则处处都是善良，心念着仇恨，那到处都是丑恶了。

有一个小沙弥到外面的河边挑水，在回来的路上，走到一条杂草丛生的路时，他没注意脚下，不小心被草丛中的蛇给咬伤了。

回到寺庙处理好伤口之后，小沙弥跑到院子里找出一根长长的竹竿，他拿起来掂量了下，就准备出去打那条咬伤了他的蛇。

慧清法师见状，便走了过来，问他这是要去做什么。于是小沙弥一五一十地把事情告诉了慧清法师，法师问："你是在哪里被咬伤的？"小沙弥说："是在北坡那边回寺庙的路上。"

慧清法师又问道："那现在包扎好了以后你的伤口还疼吗？"小沙弥说："已经不疼了。"

法师继续问道："既然你现在已经不疼了，那么为什么还要去打蛇？"

小沙弥说道："它咬伤我了，所以我恨它！"

法师说道："因为它咬伤了你，所以你就恨它，那么它为什么会咬你？那是因为你踩疼了它，出于仇恨它才咬了你。可是毕竟它只是畜生，你不应该把仇恨一直放在心中。"

小沙弥听了以后一脸不服的样子，回答说："我又不是圣人，说不恨就可以不恨了。"

慧清法师微微笑道："圣人没有你想象中那样完美，他们不是没有仇恨，而是懂得用巧妙的方法去化解仇恨，不仅是化解自己的仇恨，还有对方的仇恨。"

小沙弥听了后怔住了，哑口无言地呆呆望着慧清法师。

法师继续说道："世间所有的人对待仇恨一般是这么三种做法：第一种是记仇，随时让自己处于痛苦之中，等于在心里洒了一把泥土，脏了自己的心。第二种是让自己忘掉仇恨，把自己从仇恨当中解救出来，等于在泥土当中播种下鲜花的种子。第三种是主动与仇人和解，不计较和仇人发生的矛盾，同时解开对方的心结，等于是悉心照料种子，等到花开之时摘下花朵赠予对方。能做到第三种，圣人的名头你也可以用了。"

小沙弥点点头说："明白了。"

没过多久，北坡那条杂草丛生的泥泞道路变成了一条的窄窄的石板路，十分平整，路边的杂草也被清理得干干净净，那是小沙弥修建、清理出来的。从那以后，这里再也没有发生过蛇伤人的事情。

感悟

生活就是杂草丛生的道路，遇到伤害总是难免的。如果像小沙弥一样被伤害以后就刻意去报复，那么结局一定是难以想象的。仇恨是一把双刃剑，即使你获得了报复别人的快感，但是与此同时，你自己也受到了伤害。"冤冤相报何时了"，与其陷入这无尽的痛苦中"两败俱伤"，不如放下仇恨去开始新的生活。

心中装满仇恨的人，他的人生也随之阴暗和痛苦，只有放下仇恨选择宽容，才能让心中的太阳升起来，照亮自己的内心。不要让仇恨左右了我们的人生，剥夺了我们幸福的权利。伤害在所难免，但是伤害发生以后，不要试图用报复去解决问题，而要用你的宽容、仁慈，让仇恨的心灵得到解脱。

《忍辱偈》中说："宽却肚皮须忍辱，豁开心地任从他，若逢知己须依分，纵遇冤家也共和。"这是教导我们要以慈悲的心去宽恕别人过分的言行，时间久了，就算那些已成为冤家的人，也会从宽容之中幡然醒悟过来。不要因为仇恨就去伤害别人和自己，伤人终害己，一旦你陷入仇恨之中，它就成为心中的魔鬼，阻碍着你前进。

忍耐的智慧

佛家有云:"仇恨永远不能化解仇恨,只有慈悲才能够彻底化解仇恨。"在人生漫长的道路上,总会和别人产生一些摩擦、误会甚至仇恨,这是不可避免的,但只要你自己不要时时将仇恨放在心中,能够给别人一些宽容,仇恨自然就化解了。

至察无徒，人不必事事认真

西汉的学者戴圣在《大戴礼记·子张问入官》中说道："水至清则无鱼，人至察则无徒。"这句话主要是用来告诫人们在面对别人错误的时候，指责不要过于苛刻，在看待问题的时候，不要过于严厉，否则，就会造成孤立无援的地步，就像河水太过于清澈就不会有鱼愿意生活在那里是一样的。

但是，有一些人对于这句话的理解却太过于偏颇，他们用这句话来劝慰别人凡事不必认真，一些小事可以不必太过认真，但是涉及底线和危害，就要另当别论了。

人还是不要太过于精明和严谨，严苛计较都会造成自我被众人孤立，他们往往没有伙伴也没有朋友。这样的人容不下他人有小小的过错，一旦稍有不如意的地方，就很容易找别人麻烦，训斥或者惩罚别人。他会相当过分地要求所有的人行为语言均符合自己的标准，不讲究一点情面。但人总是有属于自己的性格和为人处世的方式，不可能事事都能达到所谓的标准，何况总会有些特殊情况，需要一些适当的调整，所以这样的情况下就会出现摩擦、矛盾甚至是冲突。此时如果还是只按固定模式来面对，事情很有可能就将无法收拾，面临着众叛亲离的局面。

在现实生活中，聪明人会凡事为自己留有余地。人不可能永远都处

于不败之地，起起伏伏那是常有的事情。今天被你刁难的人，明天很有可能成为比你厉害的人，如果不留一点余地，恐怕是为自己的未来埋下了苦果。凡事还是要适可而止一些比较好，物极必反这是常理。

古时候，某一座寺庙里有一位十分睿智的禅师，寺庙里的僧人都十分敬重他。有一天晚上他睡不着觉，于是提着灯笼去到禅院里散步，灯笼的光线比较暗，看不见太远的地方，他只能慢慢行走。

当他走到靠近墙角的地方时，发现那边有一个黑黑的东西，提着灯笼走近一看，居然是一张椅子。当下他便明白了，一定是寺庙里的某位出家人违犯寺规，从这个位置翻墙出去了。

老禅师没有声张，只是默默走到墙边，将那个椅子搬到别的地方，熄灭了烛火，就地蹲在那个位置。没过多久，有一个小和尚从墙的那边翻了过来，在黑暗之中踩着老禅师的背脊跳进了院子里。

当他站稳以后，低头一看才发觉刚才踏的不是椅子，自己放的椅子早就被搬开了，刚才所踩踏的是自己的师父。小和尚当时立刻就萌发出一阵怯意，顿时惊慌失措，显得非常害怕的样子，就连话都不能说清楚了。但是老禅师并没有教训他，这让小和尚觉得出乎意料。禅师并没有声色俱厉地责怪他，而是很平静地说："夜已经深了，天气转凉了许多，你赶快回去多穿一件衣服，别冻着了。"

| 感悟 |

在这个世界上，没有谁可以保证自己不犯一点错，事事都是正确的。既然如此，就不能按照自己的那套标准去要求他人，严苛到不留情面，而是要懂得容忍一些与自己价值观完全不同的事物，才会减少一些

不必要的摩擦。

人只要生活在这个世界，就注定会遇到各种各样的人，甚至是一些颠覆我们认知的人。这些人当中，不是每一个人都与我们志趣相投，有很多的人都不是同路人，都有着天差地别的差异，不能以固定的模式去对待。

其实我们每个人都是带有残缺的，或多或少都有着不尽如人意的地方。既然如此，何必去追求所谓的完美？凡事都太过于认真，自己也是会感觉累的。如果你凡事都追求完美，对他人的过失厉声责备，那最后影响的只会是你自己，你的人际关系会变得十分糟糕，没有一个人愿意接近你，和你成为朋友。

没有人可以离开社会去进行独居生活，群居是人的天性。在现实世界中，有容人的雅量才能走向成功，有容人之量才能交到朋友。这样的人一旦遇到麻烦，别人都会主动来帮忙，问题能够得到很好的解决，不会陷入孤立无援的境地。

世间并无绝对，对错也是一样。对错的出现，其实只不过因为看待事物的立场和角度不同，得出的结论不同罢了，所以并没有绝对的对错。我们原以为别人做错的事情，也许换个角度再看就是理所当然的事情了。就像是别人对你说了谎，不要知道真相以后就说些难听的话，而应该先仔细想想他是不是有什么难处，毕竟没有人天生就是喜欢说谎的。

忍耐的智慧

人不必时时认真、事事必较，很多时候，对待他人的错误我们都应该在基于底线的基础上，作出一些妥协和迁就，即得饶人处且饶人，凡事留有余地，日后才好相见。

多些包容，怨恨也会烟消云散

人天生就是"情感动物"，容易被感情左右自己的行为，实际的生活中难免会和他人有一些摩擦。这些摩擦并不是刻意为之，而是情绪操控下的产物，所以我们在面对摩擦的时候应该学会包容。

苏联教育家苏霍姆林斯基说："有时包容引起的道德震动比惩罚更强烈。"包容不是包庇，也不是纵容错误的发生，而是在错误发生的时候，以一种更好的方式使别人能够更好地改正错误。

古时候，有一个宰相，有一天，他与一位挚友相约一起品茗。相约的地方离他的府邸很近，他就决定徒步前去赴约。他穿着夫人亲手为他缝制的衣服，心里觉得十分愉悦，就连迈出的步伐都显得轻松很多。

走到离茶楼不远的地方，一个小孩子拿着一串糖葫芦蹦蹦跳跳地跑过来，宰相避让不及，小孩子就撞在他身上了，手里拿着的糖葫芦也全部弄在他的衣服上，染红了一大片。小孩子的父母一看，吓得不轻，想着自己家的孩子撞到了当今的宰相大人，今日肯定是难逃一劫了，于是跪在地上求饶。

宰相的挚友见他过了相约时间还未到来，便出门来寻，正巧看到这一幕，只见宰相微微一笑，摇了摇头说道："你们快请起吧，看看孩子有没有伤到哪里,我这也就是脏了一身衣服,回去换换便不碍事了。"

宰相的挚友在一旁说道:"他虽贵为当朝宰相,为人却是十分宽厚,你们快请起吧。"宰相说道:"孩子若是伤着哪儿了,就请送到我府里,会有人帮他医治的。"

 |感悟|

包容是一种涵养,是自我修养的必修课。能够以友善的目光去看待他人,才不会引起他人的怨恨,造成不必要的摩擦。

黎巴嫩诗人卡里·纪伯伦曾经说过:"一个伟大的人有两颗心:一颗心流血,一颗心包容。"能以一颗伟人的心去面对他人的过错,接受他人的不足之处,才不会让别人耿耿于怀甚至是心生怨恨。与其以一颗狭隘的心让怨恨膨胀成为仇恨,不如以包容之心让别人能够从错误之中醒悟过来,而自己也获得一份坦然。

|忍耐的智慧|

包容,做起来并不像说的那样容易,但也并不是很难,关键在于你选择做一个怎么样的人,是愿意整日在仇恨之中抑郁难平,还是在快乐当中积极生活?生活中多些包容,让怨恨烟消云散吧。

大肚能容，容天下难容之事

我们经常能看见这样一副对联："大肚能容，容天下难容之事；笑口常开，笑天下可笑之人。"相传这副对联是明朝的开国皇帝朱元璋写来赞扬弥勒佛的。现如今各种大小的寺庙，凡是有弥勒佛的，就一定可以见到这副对联。这副对联告诉我们的是，一个人应该有足够的肚量去包容，对他人不足之处和过错的包容，也是对自己的一种包容。

在我们现实生活中，难免会和别人发生一些摩擦、矛盾，很多时候别人也许只是无心之失而伤害了你，如果不是触及自己的底线，都应该试着以包容的心去对待这些伤害；同样，在你无心之失的时候，别人才会愿意去包容你。有大智慧的人会用宽阔的胸怀去包容别人的过错，在包容中将事情妥善解决，不引起对方的反感。

矛盾的发生，很多时候并非是哪一方做错什么，而是由于认知水平不同或者是一时的误解造成的。所以在这样的时候，不需要去辩解些什么，如果我们有足够包容的肚量，能以宽厚待人，以友善的态度去耐心对待他人，不仅会让彼此的矛盾得到缓和，还能赢得别人对你的尊重。反之，如果事事计较，以狭隘的心胸去对待对方，不仅会令事情无法得到解决，还会让对方心生怨恨，严重的还会遭到报复。

受到不公平的待遇或是伤害以后，人很容易产生怨恨，埋怨上天的不公。但是我们要明白，怨恨不是解决问题的有效方法，怨恨更是火上浇油，只会助长火势。怨恨的时间久了，很容易损害自己的健康，导致许多心理疾病的滋生。

蔺相如因为"完璧归赵"有功被封为赵国的右上卿，位在廉颇之上。当时的廉颇很不服气，他身为赵国大将，有攻城略地，扩大城池的大功，而地位低下的蔺相如仅靠口舌之争就位高于自己，于是他便扬言要当面羞辱蔺相如。

蔺相如得知后，尽量回避和容让，甚至就连上朝都借口说身体不适，不愿意与廉颇发生冲突。有一次蔺相如出门，远远看见了廉颇，就直接吩咐车夫调转车头行走。蔺相如的门客们看见了这样的情况，都以为他对廉颇有所畏惧，于是一起劝谏蔺相如说："我们离开亲人来到您的门下，见您这样畏惧廉颇，实在感觉痛心。你官位高于廉颇，却还处处畏惧着他，让我们这些外人看来都觉得十分羞愧。还请大人放我们回去吧。"

蔺相如回答说："秦王那样有威严的人我尚且不怕，怎么会怕廉将军呢？但是秦国之所以忌惮我们赵国，那是因为有我和廉将军。如果我们俩人开始斗争起来，定会有一人离去，以后再也无法共存。我之所以会对廉将军容忍、退让，是把国家的危难放在前面，把个人的私仇放在后面啊！"

蔺相如的这番话传到了廉颇的耳朵里，他顿时觉得羞愧不已，于是，便脱去上衣，露出肌肤，背着荆条，由宾客引导着前往蔺相如的家中去认错。他对蔺相如说："我这样的人实在是太粗俗卑贱了，还一心想要羞辱您，心胸实在太过狭隘。没想到的是您居然能够包容我到这样的地步，实在是太愧疚了，于是前来请罪。"而从那以后两人相交甚

好，成为生死与共的挚友。

感悟

在这个"负荆请罪"的故事中，蔺相如的大度和包容告诉了我们"将军额上能跑马，宰相肚里可撑船"的道理。古人说："有容德乃大"，"唯宽可以容人，唯厚可能载物"。从我们实际生活中来看，包容就像是船上的风帆，没有包容就无法起航。做人就应该要有宽广的胸襟，要有包容之心去对待他人，这不仅是一种令人钦佩的品质，更是维持人际交往必备的气度。

所谓海纳百川，也是这个道理。只有拥有大海那样能容百川的肚量，才能够容天下难容之事。我们平时的为人处世一定要做到豁达大度，坚持宽以待人的原则，这样才能赢得别人的尊重和喜爱。

忍耐的智慧

《易经》中说："地势坤，君子以厚德载物。"君子应当效法大地，以宽厚的德行负载万物。为人处世都应该有一个能包容万物的胸怀，心胸能像大地一样宽广，就自然能容得下万事万物。

第十章

常释怀，从容以对：
世上本无事，庸人自扰之

每个人都渴望得到心灵的自在，为此不惜牺牲很多。人的心灵是很容易获得自由的，因为没有什么东西可以束缚住它。可是，现在有很多的人在感叹枷锁沉重，其实，不是现实束缚心灵，而是自己把自己圈在了里面。世上本无事，庸人自扰之。

人生不是没有阳光，而是缺乏感受阳光的心

失意潦倒之人经常会慨叹生活的黑暗，他们因为内心失意，所以总是想当然地把自己置身于孤独、悲观中。要知道，人生虽有得到与失去，但是却从不缺乏阳光，只要拥有一颗能够感受到阳光的心，无论何时，你都会觉得充满力量。

拥有一颗能够感受到阳光的心，会造就一个积极向上，乐观努力的人，他们能在悲观时看到希望，知道该如何去做才能从中解脱。

佛学大师南怀瑾初到台湾时，在朋友的怂恿下，一时兴起，与友人合作经商，然而适逢时局转变，加之友人经营失误，导致本利无归，生活陷入了困顿。然而南怀瑾并未责怪友人，反而开导抚慰友人。南怀瑾如此待人，使听闻者无不感叹佩服。

生活的窘境丝毫没有对南怀瑾的精神和心理造成打击。那时，南怀瑾栖身于基隆海滨一个陋巷中，一家六口挤在一小屋内，瓦可漏月，门不闭风，"家徒四壁"都难以形容其穷。

南怀瑾形容当时的境况是："运厄阳九，窜伏海疆，矮屋风檐，尘生釜甑。"在如此困境中，南怀瑾完成了他在台的第一部巨著《禅海蠡测》。

不久，南怀瑾迁居台北龙泉街，所住之处位于菜市场中，环境喧闹，污秽堆积。为了生计，南怀瑾开始"煮字疗饥"——这是他对写稿卖钱的戏称，于是就有了这样一个身居陋室，右手执笔疾书，左手抱着幼子，双脚还要不停地蹬着摇篮，以防其中的孩子哭闹的南怀瑾。此时的南怀瑾虽穷却不愁，虽潦却不倒。

南怀瑾成名之后，家里的来访者多为达官显贵，按说此时本该春风得意，但南怀瑾仍然一如既往地谦和诚恳待人，毫无"贡高我慢"之态。

感悟

宠辱乃为人生寻常事情，如遇低谷时便垂头丧气，自暴自弃，又怎能从谷底站起，重新感受阳光呢？

生活中，有的人在成功后得陇望蜀，欲求不满，导致烦恼丛生，有的人是在失败时过分沮丧，不能走出悲观。这两种人其实都是自寻烦恼之人。第一种人没有满足之心，虽说欲望会促使人奋进，但是永远不知满足就是给自己套上枷锁，到头来把自己弄得疲惫不堪；第二种人被一时的失败情绪所束缚，没有一颗平常心来看待所失，也给自己的心套上一个枷锁，把自己弄得抑郁寡欢。其实只要仔细想想，就会觉得这一切都是自寻烦恼。"世上本无事，庸人自扰之"，说的就是世上的烦恼多来自人们自己看不开。只有保持一颗平常心，才能让自己活得轻松，活得快乐，才能让自己的心不为外境所动，不让荣辱、是非、得失左右心灵。

临济禅师曾说过："无事是贵人。"这话说得极对，只要心中无事，就不会有冤家敌人，没有放不下的人或事，就不会有怨恨，也不会伤害

任何人，对任何人都不会造成麻烦与困扰，因此就为贵人。

 忍耐的智慧

僧璨禅师说："智者无为，愚人自缚。"俗话也有："天下本无事，庸人自扰之。"以一颗平常心看待世间万物，那么生活一直都非常美好。

常释怀，才能真的快乐

国学大师南怀瑾先生曾告诉世人："人们要学着释怀。这个世界上没有任何事情是你不能放下的，没有任何心结是解不开的，只要你懂得放手与舍弃，放下心中沉重的负担，整个人就会轻松敞亮起来。"

人心灵的容量是有限的，如果什么事情都装在心里，不学会释怀，怎么会再有空间去盛放新的美好呢？

一天，小和尚来到师父的面前，问道："师父，我看每日前来拜佛之人大多愁眉苦脸，看上去很不快乐，快乐很难吗？"

师父答道："快乐很简单，就像你在佛前点燃一盏长明灯。"

小和尚不解："既然如此简单，那为何人们还是不快乐呢？"

师父答道："因为他们的心太满了。"

小和尚问道："师父，那到哪里才能让心放空得到快乐呢？"

师父笑着回答他："你可以下山，自己去寻找方法。"

第二天，小和尚拜别师父，下山去找寻快乐去了。小和尚知道附近拜佛的人大多不快乐，于是他决定向远处去寻找快乐。千山万水走过，吃了无数苦，磨破了好几双鞋子，但他却一直未找到快乐。

这一日，小和尚来到了一座不知名的山，一场急雨过后，小和尚全

身都湿透了。回想到这些时日所受的苦,他沮丧地坐在了山道旁。

这时有个农夫背着一大捆柴从山上走下来,一边走还一边高兴地唱着歌。小和尚上前问道:"我出来寻找快乐,但找了好久都没有找到快乐,请问您知道要去哪里寻找快乐吗?"

农夫放下背上的柴,舒心地揩着汗水,笑着对小和尚说:"我也不知道要去哪里寻找快乐。我觉得我每天能打到足够的柴,走路的时候能够看到美丽的风景,这些都能令我感到快乐。我不知道您找的是哪一种快乐,我也从未寻找过快乐,但是我也过得很高兴、很舒心。我想快乐应该很简单吧,像我现在,背累了放下就是快乐啊!"小和尚听后顿悟。高兴地向农夫答谢后,立刻返回寺院。

师父见到小和尚后,问他是否找到了快乐。小和尚答道:"师父,弟子在找寻快乐的过程中遇见一位农夫,那时弟子才明白,其实快乐真的是非常简单,就像渴了饮水,饿了吃饭,累了睡觉一样简单。弟子之前心里总是记挂着寻找,只觉得一路艰辛,然而,在听了农夫的话后,弟子心里立时释然了,弟子那一刻发现身边的一切都充满了快乐的气息。师父,您说得对,那些不快乐的人就是心里太满了,他们不懂得释怀。"

师父听后,露出了欣慰的笑容。

何为真正的快乐,相信每个人都有自己的答案。像故事中的农夫就认为累时放下就是快乐。放下,看似简单,但其实却很难做到,有谁能够说放下就放下呢?人们对功名利禄看得过重,得到已不易,还谈何放下?但是,放不下便深陷在执著和不曾忘记之中,用佛语称之为"着相",俗语称之为"钻牛角尖",烦恼也就因此而生。放下,身心便轻松了。

第十章 常释怀，从容以对：世上本无事，庸人自扰之

一位学者带上自己的偈语去拜见道悟禅师，请他评点。偈曰："心佛与众生，全体阿弥陀。相应阿弥陀，是波罗蜜多。"

禅师看了微微一笑，对学者说："你的佛太多了。"

学者随禅师外出，在回庙途中，禅师即兴作诗一首："春来野花香，秋放白云忙。闲闲无所事，无语问太阳。"然后对学者说："这就是我这两年生活的写照。"学者听后无言。

晚上，禅师带着村民念佛做晚课，学者疑惑道："禅师为何也念佛？"

禅师说道："因为他们需要。"

学者第二天又想到一副对联："宝藏从此出，乐天随人愿。"但他自己却不理解。禅师听后只说了句："我请人把这副对联写好挂在客堂。"

下午，学者与禅师聊天，禅师又随口吟出两句诗："两手空空放胆量，霹雳如山任君行。"

学者低头想了想，抬头说道：禅师的佛也太多了。

感悟

千佛万佛，不如心中一佛。无天无地大自在，笑弄风云平常心。人们都想体验成功的快乐，因此身边的优秀人员便成了榜样，为了齐平或超越自定的目标，很多人便把自己带入到别人的生活模式中，结果生活、工作的道路越走越艰难，越走越坎坷。"别人笑我太疯癫，我笑他人看不穿，不见五陵豪杰墓，无花无酒锄作田。"明代才子唐伯虎才华横溢，却少年失意，看破官场后投心诗画，最终流芳百世。

想得到快乐，其实很简单，懂得释怀，便会顿悟，一种释放重担后

的轻松会让你发现这世界的美好,会让你发现近在眼前的快乐。

 |忍耐的智慧|

学会释怀,便能看开、放下许多事,抛却许多愁。常释怀,便懂舍弃;懂舍弃,便懂快乐。

不必为无谓的争执伤了自己

毛泽东曾经说过:"与天斗,与地斗,与人斗,其乐无穷。"与自然界"斗"可以增加我们的体魄,与敌人"斗"可以增强我们的实力,与朋友"斗"能够增进互相的感情。然而,随着社会的进步,我们已经远离了与自然界的原始争斗,远离了同敌人的生死争斗,每个人都生活在平凡安宁的生活中。按说这样应该就不会再起争斗了,可是,每天还是有很多人,因为一点点的小事大动肝火,甚至大打出手,既伤和气又伤身体。

这种争斗,其实是无谓的争斗,因为,到最后,赢家输家都会得不偿失。生活中真正的智者是不会为了无谓的争斗而伤了自己的,因而他们也是真正懂得快乐的。

一休是日本佛教史上最有名的禅僧,一向以聪明善对为人称赞。

一日,一位武士一手提着装着水的木桶,一手捏着一条活鱼来见一休

武士对一休说道:"大师,都说你聪明绝顶,今日我便与你打个赌吧,你猜我手里的鱼是死是活?"

说着便把鱼抓在了手里。武士心中暗想,这鱼本身是活的,如果一

休答是活的，便暗中将鱼捏死，如果答是死的，便放了出来，这样他无论答哪个都是输。

一休面带微笑地看着下面站着的武士，微微一笑，说道："这鱼是死的。"

武士听后，高兴地大叫道："错啦，错啦，聪明的一休也会错的！"说着手一松，将鱼放入了木桶里，鱼儿入水后便欢快地游动起来。一休笑而不语。

待武士下山后，一边打扫的小和尚过来为一休愤愤不平，说武士太过狡诈，怎么答都会输的。

一休对小和尚说道："我知道那个武士的把戏，因此我才答鱼是死的。"

小和尚十分不解，一休接着说道："我若说鱼是活的，他必定将其捏死，我答了死的，便是救了那鱼一命。"

一休的话后来传入了武士的耳朵里，武士听后羞愧不已。

一休虽然打赌输了，但他却挽救了一条鱼的生命。佛陀说："长养慈心，勿伤物命，充此一念，可为仁圣。"一休没有因为武士的打赌而与其争执，因为他知道，一个无谓的打赌不如拯救生命来得重要。

一个小和尚下山的时候遇到一个上来提问的人，那人向小和尚问道："你知道月亮是从哪边升起的吗？"

小和尚老实回答："与太阳一样，从东边。"

那人说："不对！"

"月亮从东方升起怎会不对，这是所有人都知道的事情啊！你说不对，那你说月亮从哪边升起？"小和尚有点不高兴。

"月亮从西边升起。如果月亮从东边升起，为什么在上弦入夜时，月亮在西边亮呢？"那人得意地回答道。

小和尚不服，两人争得面红耳赤，谁也不让谁。后来，那人说："听说你师父德高望重，见多识广，不如去找你师父，让他给断定。他要说你的对，就算我输，我就给你叩三个头，如果说我对，就是你输，你就叩给我三个头。怎么样？"

小和尚立刻答应了，因为他知道，师父也会和他一样说的。

到了寺庙，他们找到了小和尚的师父释空师父，说明了来意。释空师父看了看两个人，对那个人说："你是对的，月亮从西边升起。"

小和尚听得目瞪口呆，他不知道师父为什么会这样说。释空对小和尚说："按照约定，快给他叩头吧。"

小和尚极不情愿地叩了三个头后，那人便得意地下山去了。

小和尚问释空："师父为何说月亮从西方升起？"

释空说道："月亮从东方升起是人人都知道的事情，他拿这个问题来问你，自是不简单。那位施主看事情眼光与我们不一样，当然会有不同的见解。但无论月亮从何方升起，最后都会挂在天上，普照世人，我们又何必为这样一件无谓的事情而去争论呢？"

小和尚虽然还是有些不服气，但是也明白师父的意思了。

过了几天，小和尚下山，听到人们议论道："前几日有个人与人们争执月亮是从哪边升起的，结果被人打了一顿，伤得很重。"

小和尚听后，终于彻底地明白了释空师父的苦心。

| 感悟 |

随着生活和工作压力的增大，人们越来越容易为一点小事起争执，

发生摩擦。生气是发泄的一种方法,这样做虽然逞了一时的口舌之快,但最终自己同自己过不去不说,还为难了他人。故事中的一休禅师和释空师父都是智者,而智者是不会为了一些无谓的事情而与他人其争执的,因为他们知道,无谓的争执对事情起不到帮助,既然无谓,不如放宽心态,以豁达之姿处之,既平息了纷争,又不会使人为难。

佛法中称"生气"为"嗔"。佛家说:"嗔是心中火,能烧功德林。"又说:"一念嗔心起,八万障门开。"人生不如意事十之八九,每天都会有这样或者那样的烦恼忧愁使人们生气,但我们一定要记住,生气不但害己,有时还会害人。

忍耐的智慧

生气伤神、伤身,每个人都应该学会控制自己的情绪,以一种平和的姿态来面对生活。拥有了这样的心态,那么就可以对生活或者工作中所遇到的小的争执,微微一笑,泰然处之了。

豁达乐观，快乐常在

人要想获得自在快乐，就要学会豁达乐观。豁达乐观可以使消沉者振作，使悲观者忘忧，使处逆境者泰然。豁达乐观是一味精神的良药，要想得到这剂良药，就要到自己的心灵中寻找，因为此药只产于每个人的心灵中。遇挫折而消沉，处困境而悲观者，只要自制良药，所有疾病都可得到医治。

人生中充满欢喜与悲伤，起起与落落，如能心胸豁达，随遇而安，看得开放得下，那才能在浮华中得到真正的快乐。

在我国历史上，拥有豁达乐观心态的人颇多。其中刘禹锡、苏轼的人生经历，就最能诠释豁达乐观。

刘禹锡，字梦得，唐朝文学家，哲学家。入仕，两次被贬官，辗转颠踬于蜀、粤、皖等地达23年。然而生性豁达的刘禹锡无论是久处穷山恶水，还是置身于边远之地，都能泰然处之。被贬往和州任通判时，面对和州知县的刁难，刘禹锡不骄不躁，泰然处之，他自建陋室，写下了脍炙人口的《陋室铭》："南阳诸葛庐，西蜀子云亭。"意思是将自己的陋室与诸葛亮隐居南阳的草庐，扬雄在西蜀读书的亭台相比，突出了他的高雅情操。"谈笑有鸿儒，往来无白丁。可以调素琴，阅金经。无

丝竹之乱耳，无案牍之劳形。"表现了他虽遭贬谪，身居陋室，却仍悠然自得。

刘禹锡后又罢和州刺史，回归洛阳，在经过扬州的时候，碰到白居易，白居易写了《醉赠刘二十八使君》，对刘禹锡二十三年的坎坷遭遇表示了无限感慨和不平。刘禹锡作了《酬乐天扬州初逢席上见赠》这首诗来酬答白居易。诗中"沉舟侧畔千帆过，病树前头万木春"一句经常被后世人引用，用来表达新生物必然战胜旧事物。

刘禹锡一生在为政之余，还寄情于笔墨，以诗文作为"见志之具"，一生著作颇丰，其中有不少佳作传世。

宋朝的苏轼，入仕后屡被贬官流放，还曾被诬入狱，险遭杀害。被贬谪黄州时，苏轼不畏艰苦，亲自耕种，并写下了《前赤壁赋》、《念奴娇·赤壁怀古》等一批不朽的杰作。

苏轼曾被贬往岭南的惠州、海南的儋州，这些地方在当时都是未开化的蛮荒之地，处境如此，苏轼没有自怨自艾，仍旷达一如往日。"罗浮山下四时春，芦橘黄梅次第新。日啖荔枝三百颗，不辞长做岭南人。"豁达乐观的苏轼把南疆特产当做难得的享受。"九死南荒吾不恨，兹游奇绝冠平生。"虽被一贬再贬，直到天涯海角，但苏轼却把这当作奇特的旅游。政治帮派的排挤、嫉妒者的打击陷害，不但未使豁达乐观的苏轼悲观沉沦，反而成全了这位天才，使其成为千古文豪。

感悟

想要像刘禹锡和苏轼那样达观处世，就必须胸襟开朗，识见通达。历史上有很多命运多舛或遭受沉重打击的人，因为没有一颗豁达乐观的心，心中极度的不平与怨愤长期难以释怀，以致最后抑郁成疾。西汉文学家贾谊被贬为长沙王太傅后，心情忧伤，曾作《鵩鸟赋》，在文中，他虽以老庄的达观自慰，但心中始终难以看开，最后于33岁之盛年郁郁而终。在现代，也有很多人因遭遇挫折，身处困境，不能豁达以对，导致郁郁寡欢，心理严重失衡，严重到因长期的抑郁或意外事件的刺激而自杀。这些人之所以如此，皆因心灵中缺少豁达这味良药。

| 忍耐的智慧 |

人的一生，所受羁绊太多，权势、利禄、功名牵绊着人们前行的脚步，蚕食着人们的快乐。只有明察世事，了悟生死，看淡得失，方能收获一颗豁达乐观之心，不为外物所累，方能哭、笑、苦、乐都能泰然处之，怡然自得，才能收获真正的快乐。

别让自己的心背上沉重的包袱

人之所以痛苦,很多时候是因为追求错误的东西。这固然是痛苦的一个原因,但是,有时候痛苦还是因为人们心中执念太重,自己让自己的心背上了沉重的包袱。

电影《太极张三丰》中,李连杰饰演的张君宝在遭到朋友背叛后,一度精神错乱,一日,张君宝在田边看书,听闻一人告诉一农夫他的老婆正在生产,叫他回去,可是这个农夫却背着柴走不快,于是那人大喊道:"放下包袱,奔向新生命。"听闻此话后,农夫立刻放下柴火奔回家去了,而张君宝也因此话而变得清醒。

张君宝之所以会精神错乱,就是因为他把朋友被害的责任全部都揽到了自己的身上,其实,这件事的责任不全在他,可是他仍不能释怀,最终导致自己精神失常。最后他终于放下心中的自责,领悟了太极,最终为朋友报了仇。

要知道,每一颗珍珠都是有瑕疵的,但是没有人会认为珍珠是不珍贵的,因为它的光芒掩盖了它的瑕疵。做人也是一样,不要总是因为一些小的失误而耿耿于怀,却忽视了那些积极美好的东西。

了悟法师要云游参学，问身边的小和尚："什么时候动身？"

小和尚答道："五日之后。此番云游旅途遥远，我托信众打了几双草鞋，五日后取完货就动身。"

了悟法师沉思一会儿，说："不如由我来请信众捐赠。"

小和尚不知道了悟法师告诉了多少人，当天竟有好几十名信众送来草鞋，到了晚上，草鞋都堆满了禅房的一角。

第二天一早，有个信众找到小和尚，递上了一把伞。

小和尚不解地问道："你为何要送伞？"

"了悟法师说你们要远行，担心路上遇到大雨，问我能不能送你一把伞。"

小和尚非常感念了悟法师的细心。但让他吃惊的是，不知道了悟法师又告诉了多少人，到了晚上，禅房里堆了近50把伞。

晚课过后，了悟法师来到小和尚的禅房，问道："草鞋和伞够了吗？"

"够了够了！"小和尚连忙说。他又指着堆在房间里鞋和伞说："太多了，我们不可能全部带着啊。"

"这怎么行呢？"了悟法师说，"谁能料到会走多少路，淋多少雨？万一草鞋走破了，伞丢了怎么办？"了悟法师想了想又说道："我们一定还会遇到不少溪流，明天我再请信众捐舟，我们也带着吧。"

小和尚一下子明白了了悟法师的用心，他跪下来说道："我们明日就出发，什么也不带！"

|感悟|

背着重重的壳的蜗牛是走不快的，人也是一样，不论是身体还是心

灵,背负了沉重的包袱是走不快,走不舒畅的。

在日常生活中,总是见到人们不停忙碌的身影,路上匆匆而行,吃饭时狼吞虎咽,仿佛总是有很多事情,这些事情占据了人们悠闲的行走时间,占据了细嚼慢咽品尝美味的时间,而人在外界的生活工作压力和内心的自我暗示下,心灵的包袱越来越重,本该享受生命喜和乐的时间被挤得只剩下一点点。不如向张君宝学习,"放下包袱,奔向新生命",不把外在的忙碌和烦闷带到内心世界中,学会放下,让喜和乐的感觉从心底出来,这样才能留出时间让自己享受生命。

 |忍耐的智慧|

在追求成功的路上,人们的目标会越来越多,每到达一处即开始望向下一处,这样难免会滋生一种无休止的欲望,渐渐使自己失去了最初的安宁和冷静,容易使自己在人生的路上出现偏差。欲望,是心灵的包袱,可叹的是,如此沉重却很少有人能够放得下,人们总是背着这个沉重的包袱感叹难以到达快乐。其实不然,只要懂得取舍,懂得进退,懂得放下这些沉重的包袱,就会让心灵返璞归真,进入一个更加澄明广阔的天地。

学会接纳，也就学会了快乐

古语有云："泰山不让土壤，故能成其大；河海不择细流，故能就其深。"可见，要想成就一番事业，首先要学会接纳。接纳即是包容，世界因包容而存在，万物因包容而繁荣，同样，一个人要想快乐，就要学会接纳身边的人和物，学会包容身边的事和情。能够接纳和包容，就有了一颗宏大的心，有了宏大的心，也就有了快乐。

寺院里有两个小沙弥，师兄是个急性子，师弟是慢性子。虽说佛家戒嗔怒，可是两个小沙弥一同做事时还是会互相看不顺眼。

寺中的方丈看在眼里，决定让他们一同去外面游历。

在临行前，方丈把两个小沙弥叫到座前，语重心长地说道："为人处世切忌张狂，要多看对方的长处。"两个小沙弥明白方丈的用意后，拜别方丈，下山游历去了。

在游历途中，师兄总是雷厉风行，确定目标之后立刻行动，而师弟总是细细规划行程，整理随身行李。因为记着方丈之前的叮嘱，两个人都互相包容着。

一日，师兄因为性子急，背包未打牢固，在过河的时候大部分东西都掉入河中。失了东西，接下来的行程中就会有诸多的不便。正在师兄

为自己的急躁懊悔不已时，师弟走过来，拿出新的背带，帮助师兄把剩下的东西整理好，并细细打好背包。师弟对师兄说："还好我临行前多准备了一些用品，还够我们接下来的游历用的。"师兄听后，非常的感动。

在接下来的游历中，师兄渐渐发现师弟慢性子的优点，而师弟在累的时候也会被师兄的热情所感染。两人的旅途变得轻松愉快多了。

两个小沙弥最后也没有让方丈失望，他们都学会了从对方身上发现优点，接纳了对方。一年后，两个小沙弥游历归来，看着两张洋溢着快乐的神情的脸孔，方丈也会心地笑了。

急性子与慢性子的人在处理同一件事情的时候难免会发生冲突，大家都按照自己的想法和行为习惯行事，接受不了对方的处事方法。快是追求效率，慢是讲究格调，只要随缘接纳，便会天下太平。

世间万物都是上天的恩典，我们不能只接受自己喜欢的，排斥自己讨厌的。在生活中，常常有很多事情是我们没有办法选择的，只能接受。遇到了自己喜欢的事情固然可喜，但是遇到自己不喜欢的事情，也要学会接纳，任何事情都有其两面性，不能盲目地拒绝或排斥。

有一个农夫日子过得很是贫困，他每日到佛前祈祷，请求佛祖能够发发善心，让他脱离贫困。他日复一日地祈祷，佛祖终于被他的虔诚感动。

这一天，农夫又像往常一样，来到佛面前祈祷，祈祷之后便回家了。刚刚到家，便听到有人敲门。农夫很纳闷："这么晚了，会是谁呢？"

他打开门，见门外站着一位陌生的男子。这男子对他说："我是财神，佛祖被你每日的祈祷打动了，于是派我下来帮助你。"

农夫听后非常高兴，立刻请财神进屋来坐，但是财神没有动，农夫很奇怪。财神说："我还有个兄弟，我们是一起的。"正说话间，一个穿着破烂的男子从财神后面探出身来。财神说："他是我的兄弟，叫做穷神。"

农夫听后大吃一惊，他想了想，对财神说道："请您进来吧，至于您的兄弟，我想他已经在我这里住了很久，这次就不请他进来了。"

财神听后对农夫说："我们两个从来是不分开的，既然你这里不方便让我们进去，那我们就先走了。"说着便带着穷神离开了。

直到他们离开，农夫都没有想好自己该怎么做才好。

后来，他又去佛像前，这次他向佛祖问道："为何财神要与穷神一起来呢？"夜里，佛祖托梦于他："没有贫穷，就不会知道富贵的好，没有富贵，也不会知道贫穷的苦。之所以让两个人一同出现，就是为了让人们警醒——要想脱离贫困，就要不停努力，世上没有白白到手的东西。"

感悟

农夫之所以同财神擦肩而过，就是因为他只想接纳好的。趋利避害是人之天性，然而，在生活中如果总是这样，就会与成功渐行渐远。如果大海只接受奔腾的河水，不接受细流，又怎会成浩瀚之势？天空如只接受风和日丽，不接受阴晴雪雨，又怎会有美丽的自然现象？有接纳才会有包容，有包容才能有快乐。

忍耐的智慧

能接纳不仅是一种境界，更是一种生存理念。你接纳世界，世界就会接纳你。被世界所接纳，那么，想要快乐还会难吗？

角度变了，心情就变了

给你一块普通的玻璃，让你透过这块玻璃看世界，你会觉得平淡无奇，但是给你一个万花筒，再让你去看，相信很多人立刻就会被眼前奇幻的景色所吸引住。万花筒的原理是在人的眼睛和普通玻璃间置放了一个三棱镜，透过这个三棱镜人就会发现许多美丽的"花"。之所以有这样大的差别，就是因为那一个小小的三棱镜改变了我们看世界的角度，使得原本普通的景色，变得绚烂多姿。

世间之事也是一样，原本平淡无奇或者痛苦的事情，只要换个角度，事情就会有不同的面貌，心情也许就会变好了。

一位秀才第三次进京赶考，还住在以前住的旅店里。在考试的前两天，秀才做了三个梦。在第一个梦中，他梦到自己在高墙上种白菜；第二个梦里，他梦到自己在下雨天戴着斗笠，还打着伞；第三个梦是梦到自己跟心爱的表妹躺在一起，却是背靠着背。

秀才对这三个梦感到非常疑惑，就去找算命先生解梦。算命先生听后，连拍大腿，对秀才说："你这三个梦是大凶啊！你想想，高墙上种白菜，那不是白费劲吗？戴斗笠打伞，那不是多此一举吗？跟表妹都躺在一张床上了，却背靠背，那不是没戏吗？你还是回家吧，我看你今年还是考不中。"

秀才听后，心灰意冷，回到店内，便收拾包袱准备回家。店老板非常奇怪，问道："不是明天才考试吗，怎么要走啊？"秀才把算命先生的话告诉了店老板。店老板听后，哈哈一笑，对秀才说："我也会解梦。我倒觉得，你这三个梦是个吉兆。你想想，墙上种菜，那不是'高中（种）'吗？戴斗笠打伞，那不是有备无患吗？跟你表妹躺在床上，那不是说明你翻身的时候就要到了吗？我觉得你这次肯定会中第的！"

秀才一听，觉得老板说的更有道理，于是调整心态参加考试，结果中了个探花。

这个小故事中算命先生是消极的，所以他看到消极的一面，而店老板是积极的，所以他看到了积极的一面。

事物都有两面性，A面行不通，我们可以尝试从B面进行。换个角度就会换种心情，换种心情，生活就充满了美好。

一个性格刁钻的人听说本地的一位禅师有智慧，什么事情都能解决，于是他决定给这位禅师出个难题。

这一天，这个人来到集市上说："我看那个禅师根本就是徒有虚名，如果他真的有那么厉害，什么事情都能解决的话，那就让他把东边的大山移走吧。只要他能办到，我就拜他为师，如果他办不到，我就要把他赶出这个地方。"

有人立刻把这个人的话告诉了禅师，禅师微微一笑，置之不理。这个人见禅师没有做出行动，又在集市上说了很多难听的话。人们都十分气愤，于是纷纷央求禅师证明给他看，不要让他这么狂妄。禅师只好答应了。

第二天,禅师和这个人来到了东边的大山脚下,这个人得意洋洋,等着看禅师出笑话。禅师对着大山念了一段佛经,然后对着山喊道:"山过来,山过来!"山纹丝不动,这个人哈哈大笑。正当他要口出不逊的时候,只见禅师提步向山走去,口中说道:"山不过来,我便过去。"这个人听到以后,一下子就愣住了,他明白了禅师的意思,然后心服口服地拜禅师为师。

感悟

世间的烦恼这么多,如果遇事不采用变通的方法,全部直来直往,那么人生也就不会觉得快乐了。换个角度去思考,换个角度去观察,换个角度去行动,你就会从烦恼中、麻烦中解脱出来,直登快乐的顶峰。

一个人要是想获得幸福,就不能只把眼光放在消极的一面,消极于事无补,只会徒增烦恼。如果你现在正处在绝境中,不如换个角度去想,就会从绝境中看到生机。身处逆境不要慌,就把这当成上天对你的一次试炼,是在考验你的耐力、能力,让你承担大任。

忍耐的智慧

从不同的角度去看同一件事,有时就会看到不同的风景,得到不同的感受。遇到挫折与困难,多用积极的心态去对待,多一些宽容,多一些换位思考。记住:"塞翁失马,焉知非福。"再棘手的难题,只要换个角度去看待,也许就会有截然不同的效果。即使是乌云密布的天空,只要你拥有一种积极的心态,你也能看到乌云背后的蓝天。